全国中等职业技术学校园林绿化专业教材

盆景制作

（第二版）

卜复鸣　主编

中国劳动社会保障出版社

图书在版编目（CIP）数据

盆景制作 / 卜复鸣主编．—2 版．—北京：中国劳动社会保障出版社，2013
ISBN 978-7-5167-0622-0

Ⅰ．①盆…　Ⅱ．①卜…　Ⅲ．①盆景—观赏园艺　Ⅳ．① S688.1

中国版本图书馆 CIP 数据核字（2013）第 315965 号

中国劳动社会保障出版社出版发行

（北京市惠新东街 1 号　邮政编码：100029）

*

北京市白帆印务有限公司印刷装订　　新华书店经销

787 毫米 ×1092 毫米　16 开本　10.25 印张　203 千字

2014 年 1 月第 2 版　　2023 年 12 月第 5 次印刷

定价：26.00 元

营销中心电话：400-606-6496

出版社网址：http://www.class.com.cn

http://jg.class.com.cn

简介

本教材为全国中等职业技术学校园林绿化专业教材，由人力资源和社会保障部教材办公室组织编写。

教材以树木盆景、山水盆景、树石盆景和微型盆景四种常见表现类型为例，分别详细讲解了盆景的构思、选育选材、造型原则与方法、表现形式、制作与养护等内容。在编写中，教材还精选了部分盆景佳作作为实例，通过对作品的点评，帮助学生理解盆景制作理论，同时培养他们的观察及审美能力。教材的重点章节设置了“实训”环节，学生通过实际操作，可以加深对所学内容的理解，提高动手能力和解决实际问题的能力；每章后的“思考练习题”可以帮助学生进一步巩固所学知识和技能。教材配有电子课件，可登录www.class.com.cn在相应的书目下载。

本教材由卜复鸣任主编，汤坚、严雪春、胡建新参加编写，陈汉民、马建伟审稿。

目录
CONTENTS

第一章　盆景概述

学习目标

◆掌握盆景的概念与特点

◆了解中国盆景发展简史、盆景的流派及分类方法

第一节　盆景简介

盆景作为我国传统的艺术珍品，历史悠久，源远流长。它以植物、山石、土壤等为素材，经过技术加工和艺术处理以及长期的精心培育，在咫尺盆盎之中，集中且典型地再现大自然的优美景色，达到“缩龙成寸”“缩地千里”“小中见大”的艺术效果，被誉为“无声的诗”“立体的画”。陈毅元帅曾题“高等艺术，美化自然”（图1—1）赞美盆景艺术。

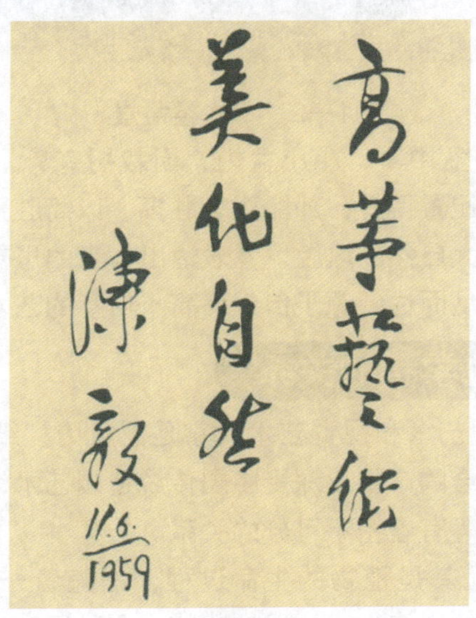

图1—1　陈毅题词

一、盆景的概念

盆景和盆栽是两个不同的概念，一般而言，用盆或器皿栽植植物，通称盆栽或盆植。而盆景是将植物、山石等材料通过艺术处理和园艺技艺加工所创造出来的成景艺术

品。盆景中的树石通过加工剪裁，成为大自然的优美景色，并与盆钵、景架相配，相互协调，相互衬托，从而构成一幅完美的艺术画卷（图1—2）。所以凡是制作盆景的高手，必须胸有丘壑，腹有诗书，这样才能创作出富有诗情画意的高雅幽逸的盆景作品。

图1—2 草本类盆景

“丛山数百里，尽在小盆中”，小小盆内，因栽树有势，点石传神，虽山石几块、树木几株，由于布局得体、配置得宜，却能以少胜多，以简胜繁，通过把大自然景物的凝练、概括，神形兼备地再现大自然的风貌，并表达出作者的思想、情感和审美情趣，在丘壑林泉中洋溢着诗情画意，从而达到源于自然而高于自然的艺术效果。

二、盆景与其他学科的关系

盆景是一种特殊的造型艺术和视觉艺术，它是以盆为“纸”，以树石为“绘”，是盆栽技术与造型艺术巧妙结合的产物，深受中国传统造园艺术、绘画、雕塑、诗词等的影响，它与园艺、园林、诗画等有着密不可分的关系。

盆景是活的艺术品，尤其是植物的生命过程，是随着一年四季的交替变化而变化的，这也就决定了盆景创作的连续性。盆景植物的生命过程，就是盆景的连续创作过程。同时，盆景因其体量较小，所以在面积有限的盆盎之中，需要通过修剪、摘叶、抹芽、蟠扎等方法控制植物的生长、发育，以“藏参天复地之意于盈握间”。所以，盆景制作又必须具备一定的园艺栽培技术。

盆景艺术在发展过程中常以诗的情趣、画的意境对树石进行剪裁，因而盆景的创作

多受诗画的启发和影响。不少著名的诗人、画家如王维、白居易、苏东坡、文震亨等，又都是盆景的爱好者。历史上，不少盆景亦是以名人名画的笔意进行再创作的，如明代盆景常“结为马远之欹斜诘曲，郭熙之露顶张拳，刘松年之偃亚层叠，盛子昭之拖曳轩翥”（图1—3），清代的“仿云林山树画意”，现代的“刘松年笔意”盆景等。当代的盆景流派也是在借鉴当地画派画理的基础上，或受其技法影响而形成自己独特的艺术风格的。如岭南盆景就是受岭南画派的影响，讲究每一笔都有节奏，抑扬顿挫，笔法流畅有气，创造了“截干蓄枝”的独特折枝法构图（图1—4）；苏派盆景也深受文人诗词和吴门画派以及苏州造园艺术的影响，不仅注重造型构图，而且强调神韵意境，咫尺盆盎之中充满了诗情画意。而小中见大的盆景美学，更是在古代哲学和绘画美学的影响下诞生的。早在儒家经典《中庸》里就有“今夫山，一拳石之多”和“今夫水，一勺之多”之语。中国古代的画论，如宗炳的《画山水序》中“竖画三寸，当千仞之高；横墨数尺，体百里之远”，恽格《瓯香馆画跋》中“意贵乎远，不静不远；境贵乎深，不曲不深也。一勺水亦有曲处，一片石亦有深处”等，都可看作是盆景创作的理论。

图1—3 秋江待渡图

图1—4 雀梅盆景

盆景和造园艺术都是三维空间的造型景观艺术，它们同样是大自然的艺术概括和艺术再现，同样是自然美景与作者的审美意识、审美理想和审美情趣的结合。明代《吴风录》中谈道："吴中富豪，竟以湖石筑峙奇峰隐洞，凿峭嵌空为绝妙"，同时"虽闾阎下户，亦饰小山盆岛为玩"。说明经济实力雄厚的富豪为了不出家门而获得山林野趣，于园中叠山理水、栽花植树，营造园林而居。而经济条件较差的"下户"，只能在盈尺之间采取"一卷代山，一勺代水"的盆景艺术手法来达到"丘壑望中存"的审美满足了。盆景与园林在创作原理和艺术方法上常常相互借鉴、相互渗透，如明代计成在《园冶》中所说："先乎取景，格式随宜，栽培得致""片山多致，寸石有情""有景入画""多方题咏""虽由人作，宛自天开"，以及"然物情所逗，目寄心期，似意在笔先，庶几描写之尽哉"等。盆景与园林一样，同源于自然，同源于生活，其创作规律和艺术手法可以说是完全一样的。盆景艺术作为园林艺术的一个分支学科，其发展也受到了我国传统造园艺术的影响，但毕竟是一门相对独立的艺术形式，有它自身的创作规律和需求。其局限性也大，因为将植物、山石等配置于一个有限的盆盎之中，必须经常加以精心养护管理，不断地进行加工，才能日臻完善。

第二节　中国盆景简史

中国是世界文明古国之一，历史悠久。原始农业社会的聚落附近最早出现了种植场地，后又有了果木蔬圃，这便有了观赏植物栽培的萌芽，也为盆景的出现提供了一定的基础。

一、盆景的起源

中国盆景发轫极早，汉代以前就已显端倪。浙江省余姚地区河姆渡遗址的第四文化层（约公元前5000—前4000年）中，曾出土两块刻有盆栽万年青状植物图案的陶器残块，其中一个长方形花盆上还刻有小圆形装饰图案（图1—5）。

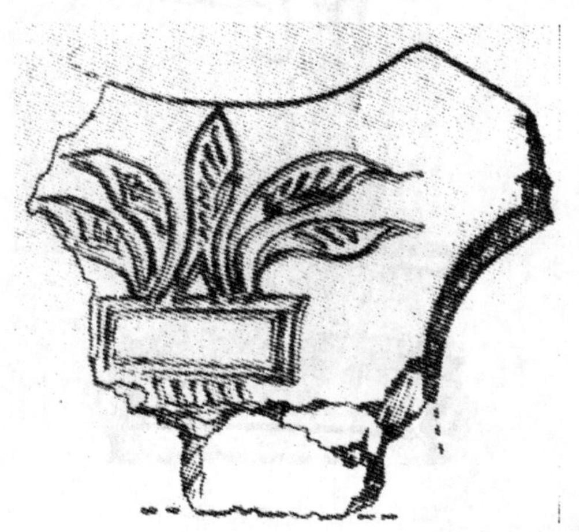

图1—5　河姆渡遗址出土的陶器残块

至东汉（公元25—220年），人们已将自然景色移入盆盎之中，置于室内，以供观赏，开始出现了以植物、盆钵、几架三位一体的盆栽整体艺术形象。考古发现，在河北省望都发掘的东汉墓道壁画上，绘有一个陶质卷沿圆盆，盆内栽有6枝红花，盆下有一个方形架座。考古发现的汉代陶砚以及汉晋时期流行的“博山炉”，出现了模拟仙山神水的景观，可看作中国山水盆景的滥觞。

魏晋南北朝（公元220—589年）时期，隐逸意识流风远播，欣赏自然之美蔚然成风。山水诗、山水画、山水园林的相继兴起，促进了同样以抒发自然情趣为主题的盆景艺术的发展。宋宗炳的《画山水序》记载：“昆阆之形，可围于方寸之内。竖划三寸，当千仞之高。横墨数尺，使百里之回。”这种“咫尺千里”“小中见大”的表现技法，对盆景的形成产生了深远的影响。梁代萧子显《南齐书》记载：“会稽剡县（今浙江嵊市）刻石山，相传为名。”又载：“太乐令郑义泰案孙兴公赋造天台山伎，作莓苔石桥，道士扪翠屏之状。”其已开始模仿山林景象，这与盆景更为接近。

二、盆景的形成

唐代（公元618—970年）社会经济的日趋繁荣促进了文化艺术的发展，受魏晋南北朝的山水画、山水诗、写意山水园林的影响，由简单的盆栽发展成具有意境的盆景，并已掌握挖掘树木移作盆景的技术，出现了山水盆景、树桩盆景，并有以盆景作礼物馈赠亲友的记载。冯贽《记事珠》记载：“王维以黄瓷斗贮兰蕙，养以绮石，累年弥盛。”1972年发掘的唐章怀太子李贤墓（建于公元706年）甬道东壁绘有：侍女一，双手托一盆景，中有假山和小树；侍女三，手持莲瓣形盘，盘中有盆景、绿叶、红果。唐代阎立本所绘《职贡图》里，进贡行列中有一人手托浅盆，盆内立一玲珑剔透的山石（图1—6）。唐代出现了众多的盆景、盆池等诗咏，如大诗人杜甫、韩愈、白居易、李贺、陆龟蒙等均有盆景诗作。从中可以看出唐代已形成了盆景，并有了较高的水平。

图1—6　阎立本《职贡图》

三、盆景的发展

宋代（公元960—1279年）盆景在形式和内容上均达到了较高的艺术水准，对盆景的布局、画意的安顿、诗情的灌注，以及石材、植物的研究逐步深入，使得意境的创造更具匠心。北宋大文豪苏轼（公元1037—1101年）《格物粗谈》云：“芭蕉初发分种，以油簪横穿其根二眼，则不长大，可作盆景。”这是盆景专门名称的最早文字记载。宋画《十八学士图》四轴之二幅，均画有“盖偃盘枝，针如屈铁，悬根出土，老本生鳞，已俨然数百年之物”的松树盆景。

南宋王十朋在《岩松记》中对松树盆景有着详细的描述：“友人以岩松至梅溪者，异质丛生，根衔拳石，茂焉非枯，森焉非乔，柏叶松身，气象耸焉，藏参天覆地之意于盈握间，亦草木之英奇者。余颇爱之，植以瓦盘，置之小室……”。《太平清话》记载：南宋田园诗人范成大，爱玩英石、灵璧石和太湖石等，并题上“天柱峰”“小峨眉”“烟江叠嶂”等名称，出现了盆景的题名，使得盆景作品更具诗情画意。赵希鹄《洞天清禄·怪石辨》有云：“怪石小而起峰，多有岩岫耸秀嵚崎之状，可登几案观玩，亦奇物也。”并对灵璧石、英石、太湖石等8个石种一一做了描述。杜绾《云林石谱》记载有灵璧石、太湖石、昆山石、英石等116个石种，并对产地、采取之法、形状、色泽、品第以及清供等做了详细的记述。

元代（公元1279—1368年）盆景制作趋向小型，人们热衷于把大自然的美妙景色精缩为盆盎之中的微观景象，供人玩赏，并称之为些子景（些子即细小之意）。元代画家李士行（公元1283—1328年）所绘的《偃松图》（图1—7），为一附石曲干式松树盆景，四方盆中，苍劲古雅之松如倦鹤之回翔，露根悬爪，倚石而出，枝片顶端之枯枝形似舍利之干，全得李氏自家家法，整个作品给人以强烈的艺术感染力。元代苏州高僧韫上人善作些子景，具有小中见大的意境，元末回族诗人丁鹤年有《为平江韫上人赋些子景》一诗咏之：“尺树盆池曲槛前，老禅清兴凝林泉。气吞渤，波盈掬，势压崆峒石一拳。仿佛烟霞生隙地，分明日月在壶天。旁人莫讶胸襟隘，毫发从来立大千。”

图1—7　李士行《偃松图》

四、盆景的兴盛

明代（公元1368—1644年）盆景多以画理构

思、剪裁，故其姿态隽妙、形式自然，并注重景与盆的搭配，对丛林、双干、多干盆景的布局及配石、蟠扎技法等有一定的研究。当时的一些著名文人根据其自身的实践经验著书立说，并展开艺术上的争鸣与探讨，不同的艺术风格、艺术流派争奇斗妍、交相辉映。屠隆（公元1540—1605年）在《考槃余事·盆玩笺》中说："盆景以几案可置者为佳，其次则列之庭榭中物也。""最古雅者，以天目松，高可盈尺，本大如臂，针毛短簇，结为马远之欹斜诘曲，郭熙之露顶攫拿，刘松年之偃亚层叠，盛之昭之拖曳轩翥等状，栽以佳器，槎牙可观。"对于合栽式盆景，"更有一枝两三梗者，或栽三五窠，结为山林排匝，高下参差……对独本者，若坐岗陵之巅，与孤松盘桓。对双本者，似入松林深处，令人六月忘暑"。对树木盆景的造型及蟠扎指出："至于蟠结，柯干苍老，束缚尽解，不露做手，多有若天生。"而文震亨（公元1585—1645年）在《长物志·盆玩》中则说："时尚以列几案者为第一，列庭榭中者次之，余持论则反是。"对于景盆的配置，认为"盆以青绿古铜、白定、官哥等窑为第一，新制者五色内窑及供春粗料可用，余不入品。盆宜圆，不宜方，尤忌长狭。"点石"以灵璧、英石、西山佐之。"而在盆景的陈设布置方面则认为："斋中亦仅可置一、二，不可多列。小者忌架于朱几，大者忌置于官砖，得旧石凳或古石莲礤为座，乃佳"（图1—8）。此外，如陈继儒的《太平清话》、高濂的《遵生八笺》、王鸣韶的《嘉定三艺人传》等，都有有关盆景制作技艺的记载。其流风所及，"虽闾阎下户，亦饰小小盆岛为玩"（《吴风录》）。扬州盆景园曾保存有一盆原为扬州天宁寺遗物的明末古柏盆景，泰州也保存有一盆明末崇祯年间的古柏盆景。

图1—8　仇英《汉宫春晓图》中的梅桩盆景

清代（公元1644—1911年）盆景形式多样，取材丰富，对盆景的取材、造型、养护等均有一定的研究，并出现了盆景植物的分类，更讲究盆景的景物点缀，盆景已商品化，且价格昂贵。嘉庆年间的苏灵在《盆景偶录》一书中，将盆景植物分成四大家：金雀、黄

杨、迎春、绒针柏；七贤：黄山松、缨络柏、榆、枫、冬青、银杏、雀梅；十八学士：梅、桃、虎刺、吉庆、枸杞、杜鹃、翠柏、木爪、蜡梅、天竹、山茶、罗汉松、西府海棠、凤尾竹、紫薇、石榴、六月雪、栀子花；花草四雅：兰、菊、水仙、菖蒲。对于盆景的制作和取景，康熙年间的陈淏子在《花镜》的种盆取景法中说："近吴下出一种仿云林山树画意，用长大白石盆或紫砂宜兴盆，将最小桧柏或枫榆，六月雪或虎刺、黄杨、梅桩等，择取十余株，细视其体态，参差高下，倚山靠石而栽之。或用昆山白石，或用广东英石，随意叠成山林佳景。置数盆于高轩书室之前，诚雅人清供也。"李斗《扬州画舫录》记载："养花人谓花匠，莳养盆景……盆以景德、宜兴土、高资石为上等。种树多寄生，剪丫除肄，根枝盘曲而有环抱之势。其下养苔如针，点以小石，谓之花树点景。"又有在高资盆内用黄石、太湖石等增土叠小山数寸，蓄水作小瀑布，并在空处设池沼，畜以小鱼的，则谓之山水点景。当时苏州有位名叫离幻的和尚，"自种花卉盆景，一盆值百金。每来扬州玩，好盆景载数艘以随"。明末清初屈大均的《广东新语》、刘銮的《五石瓠》以及乾隆年间沈复的《浮生六记》等都有有关盆景的记述。光绪年间的苏州盆景家胡焕章将山中老梅截取其基干，移入盆内，刀凿雕琢作枯干状，略缀苔藓，并删去大半枝条，留二三枝任其自然生长，饶有画意。郑板桥所题画的《盆梅》更形象地展示了当时梅花盆景的艺术魅力。由于当时玩盆景之风盛极一时，诗人也往往加以品评，如盛枫《古风》诗云：

木性本条达，山翁乃多事，三春截附枝，屈作回蟠势，
蜿蜒蛟龙形，扶疏岩壑意。小萼试妖红，清阴播苍翠，
携出白云来，朱门特珍异，售之以兼金，闲庭巧位置。
叠石增磊砢，铺苔蔚鳞次，嘉招来上客，宴赏共嬉戏。

李符《小重山》词云：

红架方瓷花镂边。绿松刚半尺，数株攒。劚云根取石如拳。沉泥上，点缀郭熙山。移近小阑干。剪苔铺翠晕，护霜寒。莲筒喷雨算飞泉。添香霭，借与玉炉烟。

又龚翔麟《小重山》词云：

三尺宣州白狭盆。吴人偏不把，种兰荪。钗松拳石叠成村。茶烟里，浑似冷云昏。丘壑望中存。依然溪曲折，护柴门。秋霖长为洗苔痕。丹青叟，见也定销魂。

五、盆景的复兴

新中国成立后，各地相继建立了盆景园和园林技（学）校，培养了一大批盆景专门人才，并举办各种展览，出版了各种盆景画册和书籍，加强了国际、国内的盆景技艺和学术交流。中国盆景从此走向了世界。

中国盆景约于南宋时期，即日本平安时代（公元794—1192年）后期传至日本，1910年日本盆栽参加了英国伦敦举办的日英博览会，盆景首次在欧洲展出，开始流传到

西方。1989年国际盆景界正式成立了“世界盆栽友好联盟”（WBFF），标志着盆景艺术新时代的到来。

第三节 盆景的流派与分类

一、盆景的艺术流派

中国地域辽阔，各地的人文风俗各不相同，从而形成了盆景众多的地域流派和艺术风格。盆景素材的不同、加工技法及个人修养的差异，也使各地的盆景多彩多姿。就树桩盆景而言，有苏派、扬派、川派以及岭南、上海诸派。

1. 苏派盆景

苏派盆景是以苏州为中心命名的盆景艺术流派。苏州盆景源于盛唐，兴于宋朝，盛于明清，发展于当代。现代苏州盆景师法自然，讲究诗情画意，已从传统的“六台三托一顶”“顺风式”“屏风式”等规则式风格中解放出来，形成了“粗扎细剪，剪扎并用”“以剪为主，以扎为辅”的造型技法，蟠扎以棕丝为主。苏派盆景以清秀古雅、枯荣相济的艺术特色而独树一帜。树种以雀梅、榔榆、三角枫、石榴、紫薇、松柏等为主。

2. 扬派盆景

扬派盆景是以扬州为中心命名的盆景艺术流派。杨派盆景始于唐代，元明时已采用扎片造型的方法，至清代盛极一时，目前仍保存着传统风格。其自幼加工成形，将主干进行螺旋状弯曲成“游龙弯”，并根据“枝无寸直”的原理，将小枝加工成“一寸三弯”，再将枝叶剪扎成极薄的“云片”，一至三层称“台式”（图1—9），三层以上称“巧云式”。其风格整体平稳严整，给人以精工细作之感。树种以松、柏、榔榆、瓜子黄杨、罗汉松等为主。

图1—9 扬派台式盆景

3. 川派盆景

川派盆景是以四川命名的盆景艺术流派。川西以成都为中心，讲究写意，清雅秀丽，又称成都盆景。川东以重庆为中心，注重写实，浑朴自然，又称重庆盆景。成都盆景相传起源于五代，重庆盆景起源于唐末宋初，川西有盆景、花草“赛市”的风气。传统川派盆景将树干弯成“对拐”“方拐”“掉拐”“大弯垂枝”“滚龙抱柱”等形式（拐即弯）。枝的蟠曲也有“平枝”“滚枝”“半平半滚”等法。近年革新，川派盆景多悬根露爪，虬曲多姿，苍古雄奇（图1—10）。树种有瓶兰花（金弹子）、银杏、罗汉松、六月雪、贴根海棠等。

图1—10　千秋峥嵘图

4. 岭南盆景

岭南盆景是以中国岭南地区广州为中心的盆景艺术流派，包括广东、广西、福建以及港澳地区。岭南盆景受岭南画派的影响，创造了以“蓄枝养干”为主的折枝法构图，枝干脉络清晰，瘦硬如曲铁，树形自然。大树形盆景雄伟豪放，高干形盆景飘曳潇洒，有超凡脱俗之感。树种以九里香、福建茶、榔榆、雀梅、朴树、栀子花等为主。

5. 海派盆景

海派盆景是以上海命名的盆景艺术流派。海派盆景博采众家之长而自成一体，其一改传统的棕丝蟠扎之法，采用金属丝整形，精扎细剪，树干、侧枝屈伸自如，枝片分布自然，疏密聚散，富有变化（图1—11）。明代隆庆、万历年间上海嘉定地区的盆景就已具有较高的水平，近年来又为全国各地培养了大批的盆景技术人才，可谓桃李满天下。主要

树种有日本五针松、真柏、黑松、罗汉松等。

图1—11 常恨春色无觅处

除了以上五大流派之外，许多地方的盆景也各具特色，如以杭州、温州为中心的浙江盆景，南受岭南派的渗透，北受海派的影响，造型吸取两派之长，采用细金属丝、棕丝并用，剪扎并举，形成了自然明快、雄伟挺秀的艺术风格。树种以松柏类为主。以安徽徽州为中心的徽派盆景，历史悠久，采用棕皮、树筋等材料，粗扎细剪，以古朴见长。其他如武汉盆景、中州盆景等均各具风格和特点。

二、盆景的分类

中国盆景主要分为树木盆景、山水盆景、树石盆景以及微型盆景四大类。

1. 树木盆景

树木盆景是以木本植物为主要材料，经过修剪、蟠扎、整形等艺术加工处理和精心培育，典型地再现大自然植物景观的盆景，如“秦汉遗韵”等。树木盆景按其大小高矮，共有五种规格：高度超过120 cm的为特大型盆景，80～120 cm的为大型盆景，40～80 cm的为中型盆景，10～40 cm的为小型盆景，10 cm以下的为微型盆景。有横斜、偃卧、悬崖等，则以其枝干伸展长度为准。

2. 山水盆景

山水盆景是以山石为主要材料，通过截取、雕琢、布局、胶合等创作手法，适当配置植物，或点缀亭、桥、舟等摆件，典型地再现大自然山水风貌的盆景。其主要艺术特点是以少胜多、小中见大，从而达到“一峰则太华千寻，一勺则江湖万里”的艺术效果（图1—12）。

图1—12　山水盆景（上海）

3. 树石盆景

树石盆景是以植物、山石等为素材，结合树木盆景和山水盆景的创作手法，将树木、山石组合成景，从而典型地再现大自然树石风貌的盆景。其创作须根据所表现的主题，选择适当的树木和石种，精心处理地形、地貌、坡脚、水岸线等，以达到最佳的艺术效果。

4. 微型盆景

微型盆景是以微型的树木、山水、树石等材料制作的盆景，其舒造化于指间、涵天地于掌中，故有“掌中诗”“指上园艺”之美称（图1—13）。它可点缀陈设于案头、书架或窗前等处，更可以多件组合的形式，配置于博古架内，以便在欣赏袖珍盆景世界的同时，可以感受到博古架的造型美以及与之相关的综合陈设艺术。

中国盆景发展到今天，其形式多样；其他如壁挂盆景、异形盆景等，亦趣味盎然，神韵别具。

图1—13　微型盆景

思考与练习

1. 元代的“些子景”有什么特点？它对当代盆景的发展有什么意义？
2. 中国盆景的流派与所在的地域有什么关系？说说它们的造型特点及艺术风格。
3. 查阅资料，列出我国盆景的分类和类别。

参观实习：参观当地的盆景园，谈谈对当地盆景发展的看法。

第二章 盆景材料及工具

学习目标

◆掌握树木盆景选材与造型的基本要求

◆掌握主干、枝片、根部造型的技法及整体造型与选盆

◆了解山水盆景与自然地形地貌的关系，掌握斧劈石盆景的制作步骤及形式

◆了解树石盆景创作常见的构图形式

盆景造型或老桩遒劲、古拙淳厚，或新枝吐翠、俊逸挺秀，或枝干扶疏、风姿清雅，或高峰耸立、峻峭挺拔，或平岗丘陵、小桥流水，或悬崖陡壁、险夷有变。大自然的风姿神韵如诗如画，尽在其中。而这优美的造型、深远的意境，是通过一草、一木、一山、一石、一盆、一架来体现，因此构成盆景的材料都要经过筛选和精心培养，以符合盆景艺术的特征与艺术规律。

第一节 盆景植物材料

一、盆景植物选择要求

植物是用于盆景制作的主要材料之一，然而不是任何植物都可以用作盆景材料，盆景植物必须具备以下两个特点：

1. 植物形态特征符合盆景造型要求

通常所选用的植物以木本植物为主，尤以乔木居多，也有灌木及藤蔓类植物，以及少数草本植物和竹类。所选用的植物要求枝干易弯曲造型，树皮斑驳、爆裂或呈鱼鳞片状，干枝节间短，叶小，不宜过大，叶形变化奇特。叶色随季相变化，花、果要鲜艳、饱满、润泽，形态不宜过大，要奇特且有较高的观赏价值。

2. 植物的生物学特征要符合盆景栽培特征

所选用的植物一般是慢生树种，并且有寿命长、萌芽力强、耐修剪、适应性强，抗旱、寒、涝等不良环境，以及少病虫害或抗病虫害能力较强等特点，故各地常选用乡土树种或园艺栽培品种。

二、盆景植物分类

根据盆景的造型要求、观赏特性以及植物的种类、品种、形态、生长特性，将盆景植物分为以下4类：

1. 松柏类

此类盆景植物大都是松科、柏科的常绿乔木或灌木。其形态特点是叶形奇特，松科叶多为针形，有二针、三针或五针一束，叶为革质，常绿。叶色为深绿或翠绿，树干挺直刚健，树皮粗糙，深裂，呈鳞片状；侧枝舒展，小枝簇生于枝端，形成苍绿树冠。因其侧芽萌发较弱，故造型时不宜过度修剪，多采用蟠扎技法，常做直干、斜干、悬崖式等。松科植物大多喜光、耐寒、耐脊薄，抗性强，少病虫害，适应性强，寿命长，且分布较广，资源丰富，是优良的盆景植物。柏科植物的叶多为鳞叶和刺叶，叶革质，老叶深绿，新叶翠绿色，且叶片排列紧密，形成自然浓荫，树干弯曲苍劲、柔中带刚，小枝柔密，大多下垂。造型采用修剪和蟠扎并用的技法，也可对树干进行雕刻，或做枯干、枯梢、枯枝以达渲染的效果。形成枝干古拙苍老、冠叶青翠、自然朴质、苍劲高洁之感。柏科植物耐寒，对土壤要求不高，适应性强，少病虫害，生长缓慢，寿命长，具有较高的欣赏价值和经济价值。

常见的松柏类盆景植物有日本五针松、黑松、白皮松、锦松、金钱松、罗汉松、桧柏、刺柏、地柏、璎珞柏、翠柏等。重要树种的形态特征和造型特征见表2—1。

表2—1　　常见的松柏类盆景植物

序号	树名	形态特征	造型特征
1	黑松 Pinus Thunbergi Parl	树皮带灰黑色，冬芽白色，故又称白芽松。叶针状，二针一束，针长通常在6～12 cm，呈深绿色，很粗硬	黑松树冠苍绿，姿态雄健，比较容易造型，但不宜过度修剪，多用蟠扎手法，通常可做直干式、斜干式和悬崖式等多种形式，所成盆景潇洒苍劲兼而有之，极富画意
2	白皮松 Pinus Bungeana Zucc	树干分叉多，枝疏生而横尾，树皮淡灰色，呈不规则鳞片状剥落，露出乳白色的皮，使树干呈现乳白色的斑纹，故有“白皮”之称。叶三针一束，较粗硬，有细锯齿	白皮松树形雄伟美观，树干有乳白色的斑纹，雅静可爱，极具观赏性，是珍贵的园林观赏树种。盆栽时以蟠扎为主，可以扎成各种形式的盆景
3	锦松 Pinus Thunbergii Parl. cv. Corticosa	一年生幼枝淡黄褐色，无毛。老枝和树干粗糙，灰褐色或灰黑褐色，一般7～8年树龄后，树干开始开裂成不规则的块状凸起，裂痕很深，树形随裂痕扭曲。叶针形，二针一束，叶鞘宿存	锦松树姿枝干奇特优雅，古朴苍劲，是制作树桩盆景的极好材料。但其枝干萌芽力较差，在整形修剪时应加小心，尽量采用蟠扎的方法，所成盆景极具自然雅韵

续表

序号	树名	形态特征	造型特征
4	日本五针松 Pinus Parviflora S. et Z.	叶针形，五针一束，故称“五针松”。不同的变种，其针的长短和颜色也有不同，可分为短叶、金叶、银叶等多种。通常叶长为2～8 cm，上面暗绿色，下面有白条	五针松叶密针短，树姿端庄，是制作树桩盆景的优良树种。其姿态优美，具有大树的缩影感，且耐修剪，可蟠扎成各种形态，迎合不同的审美情趣。耐干旱，尤其适于种植在山石上
5	金钱松 Pseudolarix Amabils (Nels) Rehd	树姿挺拔优美，叶线形，有长短枝，在短枝上每15～30片左右放射形簇生呈轮状，形似金钱，入秋后叶片呈金黄色，十分可爱	金钱松是优良的观赏植物，叶细小而秀气，并富有画意。其树姿挺拔直立，用做盆景时应多保留其自然形态，只略加修剪造型。最适宜多棵合栽呈丛林式，更显自然清秀
6	罗汉松 Podocarpus Macrophyllus(Thunb.) D. Don	树冠广卵形，叶线状披针形，呈螺旋状互生。其叶革质光滑，果如罗汉。通常可分为大叶、小叶和短叶3种，一般叶长5～10 cm，但短叶罗汉松叶长仅2 cm，故又称为雀舌罗汉松	罗汉松树形优美，文雅秀气，适应性强且耐修剪，可以蟠扎加工成各种形式的盆景。尤其是雀舌罗汉松，叶小而枝密，为树桩盆景中的珍贵树种
7	桧柏 Sabina Chinensis (L.) Antoine	枝条密生，叶片具有鳞叶和刺叶两种类型，排列紧密。树皮赤褐色，树形小时呈圆锥形，老后变成伞形，终年翠绿，寿命很长	桧柏枝叶繁密，四季苍绿，树姿古雅，可以蟠扎成多种形式。尤其是挖干扭曲，叶如翠盖，气势雄奇，是制作树桩盆景的传统树种之一
8	地柏 Sabina Procumbens (Endl.) Iwata et Kusata	常绿匍匐性灌木。树皮赤褐色，呈鳞片状，叶为灰绿色，针刺状。其性喜阴湿，但有时也能耐旱	地柏枝条柔软，匍匐流畅，是制作悬崖式盆景的较好材质，制成的盆景自然质朴、姿态活泼可爱。修剪应于秋后进行，但注意不能过度，修剪过度会破坏枝条自然形态，同时叶面损伤不易弥补
9	刺柏 Juniperus Formosana Hayata	树冠狭圆锥形，枝斜展，叶翠绿色，三叶轮生，呈披针形，中脉微隆起，两侧各有一条白粉带	刺柏树姿挺拔秀丽，枝叶下垂，十分优美雅致，是制作盆景的理想素材。制作时以修剪为主，适当蟠扎，再配以山石，颇有苍劲高洁之感
10	翠柏 Sabina Squamata (Buch.-Ham.) Ant. Cv. Meyeri	又称翠蓝柏、粉柏。小枝密生，树冠呈翠蓝色。叶为刺形，三叶交叉轮生，条状披针形，粉蓝色	翠柏树姿秀丽，冠叶青翠，是较好的园林观赏树种，也耐修剪和蟠扎，可作盆景培养

续表

序号	树名	形态特征	造型特征
11	侧柏 Platycladus orientalis (L.) Franco	树皮浅褐色，呈片状剥离，大枝直展、扁平，排成一平面。叶鳞形，交互对生	侧柏枝干苍劲，气魄雄伟，在园林中应用广泛。其老桩古朴多姿，萌芽力强，耐修剪和蟠扎，也是常用的盆景材料
12	紫杉 Taxus Cuspidate S. et Z.	又称东北红豆杉。树皮红褐色，枝条稠密，形似华盖。叶条形，在小枝上呈二列羽状，长约2 cm，表面深绿色，有光泽	紫杉树形端庄优美，树姿古雅，叶色叶形甚为悦目，且耐修剪，易蟠扎，可制作成各种形状的盆景

2. 杂木类

此类植物种类最多，以小乔木、灌木、藤本类居多，通常有常绿、落叶两类。常绿类是以叶小、形奇、革质、色绿为主要形态特点的、生长较慢、寿命长的树种，其造型通常采用蟠扎、修剪并用的技法。落叶类则以叶形奇异、色泽季相变化丰富、老桩树干形态各异为主要特点。其生长迅速，萌发力强，耐修剪，造型多采用修剪技法，以形成大树形骨架枝，造成冬态植物景观，丰富了盆景欣赏意境。杂木类植物通常生长健壮，适应性强，根系生长发达，能悬根露爪，姿态苍劲古朴。其资源丰富，人工繁殖较为简易，适宜于各种造型，也可与山石配置，或作山水盆景植物配景。

常见的杂木类盆景植物有苏铁、银杏、榆、榉、朴、雀梅、三角枫、鸡爪槭、黄杨、榕树、对节白腊、枫香、柞木、络石、黄荆、赤楠、水杨梅、柽柳。重要树种的形态特征和造型特征见表2—2。

表2—2 常见的杂木类盆景植物

序号	树名	形态特征	造型特征
1	苏铁 Cycas Revolute Thunb	常绿棕榈状植物。树木粗壮，圆柱形，表面密被宿存的叶基和叶痕。叶大，羽状全裂，簇生茎顶，坚硬，革质，呈深绿色且有光泽。生长缓慢，要很多年才能开花	苏铁树形优美，姿态奇特，叶大色绿且造型优美，较具观赏性。作盆景时，常用合栽式，并选取弯曲奇特者，尤以“母子怪铁”，大小丛生，高低错落，惹人喜爱
2	银杏 Ginkgo Biloba L.	落叶乔木。树干挺拔，树皮灰白色，有长短枝，叶在长枝上互生，螺旋状排列，短枝上簇生，叶片扇形，秋天呈金黄色	银杏树干通直，树姿优美，叶形奇特，且叶色早春嫩绿，令人赏心悦目。枝干易于造型，幼树可蟠扎成各种形式，既可作桩景，也可多棵合栽作丛式盆景

续表

序号	树名	形态特征	造型特征
3	瓜子黄杨 Buxus Sinica (Rehd. Et Wils.) Cheng ex M. cheng	常绿灌木或小乔木。单叶对生，革质，全缘，椭圆状卵形或倒卵形。老干皮白，枝繁叶茂，蒴果似鼎	黄杨在园林中多用作绿篱，或修剪成球形。其耐修剪和蟠扎，老桩姿多古拙，生长缓慢，极易造型，是传统的盆景材料
4	雀舌黄杨 Buxus Bodinien Levl	常绿灌木，植枝较矮小，通常高不及1m，分枝条多且密集成丛，小枝具四棱，叶较狭长，披针形至倒披针形，对生，革质，全缘近无柄	雀舌黄杨枝叶密集，极耐修剪，常用于花坛边缘，作规整绿篱，或密植修剪成各种图案，也可盆栽，经蟠扎修剪成各种盆景形式
5	榕树 Ficus Microcarpa L. f.	又称细叶榕、小叶榕。常绿乔木，有气生根，丛生如须，自枝干下垂及地。单叶互生，椭圆形至倒卵形，革质无毛，有光泽	榕树树冠庞大，枝叶茂密，是华南地区良好的庭荫树。南方也常选作盆景材料，其根部隆然露地，主干多疙瘩重叠，形态自然奇特，叶繁色翠，复冠如盖，别具南国情趣
6	柞木 Xylosma Japonicum (Walp.) A. Gray	又称五加皮、凿子木等。常绿灌木或小乔木，树皮灰黄褐色，片状剥落，分枝密集，具枝齿。叶互生，革质，卵形或椭圆状卵形，光滑无毛，缘有钝锯齿	柞木树冠广圆，枝叶浓密，四季青翠，具观赏性，孤植、群植均可。选取老桩上盆栽植，经修剪培养是优良的树桩盆景材料
7	对节白蜡 Fraxinus Hupehensis Ch′u ,Shang et Su	树皮深灰色，后纵裂。复叶对生，小叶7～11片，呈羽状排列，成年复叶具小叶7～9片。小叶披针形至卵状披针形，先端渐尖，缘具锐锯齿	对节白蜡枝叶茂盛，亭亭如华盖，是良好的庭荫树种，且萌芽性极强，耐修剪，可挖取山野老桩，培养作盆景观赏
8	水蜡 Ligustrum Obtusilium S. et Z.	落叶或半常绿灌木。幼枝有柔毛，开展成拱形。单叶对生，叶薄革质、长椭圆形	水蜡适应性强，生长快速，是园林中较常用观赏植物。其萌芽力强，耐修剪，易造型，也是良好的盆景材料
9	福建茶 Carmona Microphylla(Lam.)G.Don	又称基及树。绿小灌木。多分枝，叶在长枝上互生，在短枝上簇生。叶长椭圆形或倒卵形，革质，有光泽	福建茶枝叶翠茂，风姿奇特，花白果红，是制作盆景的优良材料，也是岭南盆景的主要树种之一。其生长力强，特别耐修剪，适用于“蓄枝截干”法培养造型

续表

序号	树名	形态特征	造型特征
10	檵木 Loropetalum Chinese (R. Br.)Oliv.	常绿灌木或小乔木。小枝、嫩叶、花萼均有褐色星状短柔毛，树皮暗褐色。叶革质，单叶互生，斜卵形或卵状披针形，全缘或微有齿	檵木树形较美，夏秋花繁密集，多用于林缘或草坪中密植。其山野老桩根干奇特，姿态苍古，是较好的盆景素材，尤以其变种红檵木，花红叶红，极具观赏性，视为上品
11	赤楠 Syzygium Buxifolium Hook. Et Arn.	常绿小灌木。小枝密集，幼时嫩绿色，老后红褐色。单叶对生，椭圆形或狭倒卵形，表面光滑无毛，革质，形似黄杨	赤楠枝叶稠密，四季常青。耐修剪，易蟠扎，是良好的盆景素材。通常挖取山野根桩盆栽养胚，加工造型，可制作多种树姿的盆景
12	榔榆 Ulmus Parvifolia Jacq	树皮灰褐色，幼时光滑，稍老则呈不规则鳞片状剥落。枝条柔软下垂，叶小，革质，窄椭圆形或倒卵形，边缘具单锯齿	榔榆树姿潇洒，树皮斑驳，干枯枝曲，小枝垂拂，宜于庭园栽种。山野挖掘之老桩，虽根老干枯，萌芽力仍强，是极好的盆景材料。通过培养，提根露爪，姿态更加苍劲古朴
13	朴树 Celtis Tetrandra Roxb. Ssp. sinensis	又称沙朴。树皮灰色，粗糙但不开裂。单叶互生，广卵状椭圆形。叶缘通常中部以上有钝齿，叶面光滑无毛	朴树树姿优美，枝叶密集荫浓，是较好的庭荫树。山野老桩枝干疏朗且挺拔，用作盆景颇有苍劲古雅风趣
14	雀梅 Sageretia Theezans (L.) Bronyn.	落叶攀缘半藤状灌木。枝条细长，小枝灰色或灰褐色，密生短柔毛，有刺状短枝，老干黑褐色或古铜色，有光亮。叶近对生，革质，卵形或卵状椭圆形，边缘有细锯齿，叶面有光泽	雀梅是较好的盆景用材，其萌芽力强，耐修剪和蟠扎。根易显露，可作裸根式，具有老干新枝的特色。奇桩枯木能萌新叶，经加工制作，可显其枯木逢春的独特形态

续表

序号	树名	形态特征	造型特征
15	柽柳 Tamarix Chinensis Lour.	树皮红褐色，枝细长而下垂，秋末小枝与叶同时脱落。叶鳞片状披针形，小而密生，淡蓝绿色	柽柳干红枝软，叶纤如丝，花色美而花期长，可植于庭园或水边、草坪，有一定的观赏性。亦可用作盆景，其主干粗拙古朴，小枝下垂，纤细妩媚，随风摆舞，依依可人
16	三角枫 Acer Buergerianum Miq	树皮灰褐色，长条状薄片剥落。单时对生，近革质，掌状三裂，卵形或倒卵形，背面有白粉。三出脉，全缘或上部有疏锯齿	三角枫为秋色树种，秋后叶色由黄转红，颇美观，多为庭院中栽植。其根蘖性强，耐修剪和蟠扎，常选取山野老桩作桩景栽培，形态古朴奇特，别具风姿
17	鸡爪槭 Acer Palmatum Thunb	又称青枫。树皮平滑，灰褐色，小枝开张，光滑细长。叶交互对生，5～9掌状深裂，裂片披针形，边缘具锯齿。其变种较好，分为深裂鸡爪槭、细叶鸡爪槭、线裂鸡爪槭等	鸡爪槭树姿婆娑，叶形秀丽，秋叶红艳，甚美观，是名贵的观叶树种。由于其具耐阴、枝条细长、耐蟠扎修剪，易于造型等特点，被广泛用作盆景栽培和室内观赏
18	黄荆 Vitex Negundo L.	小枝四方形，密生灰白色绒毛。叶对生，掌状复叶，小叶5片，中间大，两侧依次渐小，呈椭圆状卵形至披针形，全缘或有少数锯齿	黄荆枝条柔软，萌芽力强，是园林中优良的树桩盆景材料，其山野老桩，曲干虬枝，颇为古雅，易于造型

3. 花果类

此类植物以小乔木、灌木、藤本为多，常绿或落叶，其主要特点是树形各异，树枝舒展，花形奇特而不过大，花色鲜艳夺目，具香味，花期较长。果实较小，果色以鲜红、橙黄为佳，配以绿叶，入秋红果累累，经冬不凋。花果类植物通常喜光，稍耐阴，喜湿润、肥沃的微酸性土壤。其生长健壮，萌芽力强，造型时一般采用修剪技法，结合花果类植物的生物学特性进行合理的疏剪、短截，达到花果疏而不稀、形色俱佳的观赏效果。

常见的花果类盆景植物有：梅花、蜡梅、海棠、红果、杜鹃、火棘、锦鸡儿、枸杞、迎春、石榴、虎刺、天竺、紫薇、紫藤、金银花、凌霄、金弹子等。重要树种的形态特征和造型特征见表2—3。

表2—3 常见的花果类盆景植物

序号	树名	形态特征	造型特征
1	梅花 Prunus Mume S. et Z.	树冠开张，新枝光滑，绿色。叶互生，广卵形。先花后叶，花色较多，有白、红、粉红等，亦有重瓣、单瓣等变化，芳香。其品种和变种有近300种之多	梅花为我国特产，栽培历史悠久。开花早，且色香态俱丽，有花魁之称，是冬季配景的主要花木。历史上就有用梅桩作盆景的传统，其姿态古雅，苍劲挺秀，生机盎然，极具风韵
2	蜡梅 Chimonanthus Praecox (L.) Link.	小枝近方形，单叶对生，半革质，全缘，椭圆状卵形至卵状披针形。花在叶前开放，黄色，蜡质，有浓芳香。其品种和变种较多	蜡梅在严冬腊月开放，花黄似蜡，浓香扑鼻，为冬季的重要景观树种之一，自古就有“金菩锁春寒，一花香十里”的吟咏。其老桩可盆栽制作盆景，形式多样，古朴生姿，是绝妙佳品
3	垂丝海棠 Malus Halliana (Voss) Koehne	树冠疏散，枝开展，幼时紫色。叶卵形至长卵形，锯齿细钝或全缘，表面有光泽。花为玫瑰红色，簇生于小枝端，花梗细长下垂。梨果倒卵形，紫色	垂丝海棠花繁色艳，花朵下垂，别具风韵，是春天著名的观赏花木。枝干易于蟠扎，可盆栽制作成盆景观赏
4	锦鸡儿 Caragana Sinica (Buc’hoz) Rohcl	又称金雀花。小枝有棱，细长，无毛。小叶4片叶呈羽状排列，倒卵形或楔状倒卵形，革质。花单生，钟状萼，花冠黄色带赤色，旗瓣狭长倒卵形	锦鸡儿植株挺直，枝叶美丽，花形独特，适合庭院栽种观赏。其枝条细长，根可盘曲，易于造型
5	迎春 Jasminum Nudiflorum Lindl.	小枝细长拱形，幼枝四棱形，复叶对生，小叶3枚，卵形至长卵形，深绿色。先花后叶，花黄色，早春开放，故称为“迎春”	迎春是春天最早开花的植物之一，也是早春重要的观花灌木。可选择枝干苍老者盆栽，柔条垂散，花缀枝头，翠蔓临风，是优美的盆景材料
6	紫薇 Xylosma Japonicum (Walp.) A. Gray	树干弯曲，树皮光滑，呈不规则片脱落，露出青灰色光滑内皮。单叶对生，椭圆形或倒卵形。圆锥花序顶生，有红、紫、白等颜色，花瓣圆而皱褶	紫薇树干光滑，花瓣皱曲，艳丽多彩，十分可爱，是夏秋季节常见的观赏树种。其耐修剪、可蟠扎，千姿百态，是观花盆景的优良材料

续表

序号	树名	形态特征	造型特征
7	杜鹃 Rhododendron Simsii Planch.	又称映山红。分枝多而细弱。叶卵状椭圆形或倒卵形，全缘，两面均有贴生毛。花2～6多簇生枝端，花色丰富，有粉红、嫩紫、粉白、金黄等	杜鹃植株低矮，姿态自然，花朵茂盛，绚丽多彩，是著名的园景植物，在园林中用途十分广泛，也是盆栽的优良树种，是观花盆景的主要材料
8	石榴 Punica granatum Linn.	又称安石榴。树皮粗糙，黄褐色，片状脱落。叶对生或近簇生，长椭圆形，全缘，浓绿色。花鲜红色，浆果近球形，种子多数。品种很多，主要可分为果石榴和花石榴两大类	石榴初春嫩叶抽绿，婀娜多姿，开花之际，团团凝红，深秋时节，硕果高悬，华贵庄严，是十分优美的园林观赏树种。其老干虹枝，苍劲古朴，根蘖盘曲，也是盆栽观赏的极好材料，制作盆景，观花、观果皆宜
9	金银花 Lonicera Japonica Thunb.	又称忍冬。半常绿缠绕灌木。小枝细长中空，皮棕褐色。单叶对生，卵形至长圆状卵形，全缘。花成对腋生，花冠二唇形，初开时白色，后变黄色，故名“金银花”	金银花藤蔓缭绕，花色鲜艳，春夏开花不绝，有清香，是色香俱备的观赏花木，其老桩古朴，柔枝飘逸，可盆栽作桩景材料
10	紫藤 Wisteria Sinensis（Sims）Sweet	干皮灰白色。奇数羽状复叶，互叶，小叶7～13片。总状花序，下垂，花紫色，先叶开放，有香味	紫藤繁花柔垂，花色花形俱佳，夏秋枝繁叶茂，是传统的棚架绿化用材。其老桩枝干虬曲，形态自然劲奇，古拙有致，是较理想的盆景材料
11	虎刺 Damnacanthus Indicus Gaertu. F.	常绿灌木。枝屈曲，二叉分枝，叶柄间有硬刺，针状，长约1cm。叶对生，有短柄，卵形，顶端锐尖	虎刺细干挺拔，枝叶横展，自然生趣，可作地被和绿篱使用。各地亦多作盆栽观赏，其树形小而姿态苍老，可修剪蟠扎成各种形式，尤其适宜多枝丛植成丛林式盆景
12	络石 Trachelospermun Jasminoides (Lindl.) Lem.	常绿攀缘藤本植物。单叶对生，长3～8cm，叶椭圆形或倒卵状披针形，革质，全缘，叶面有光泽。茎可长达10m，上有气根，嫩枝披柔毛	络石是优良的园林垂直绿化材料，常植于山石、树干、墙垣旁，令其攀缘而上，四季常青，花白且清香，秋天红叶相映，甚饶风趣。也可选取老桩盆栽，作盆景观赏，络石盆景多以悬崖式为主

续表

序号	树名	形态特征	造型特征
13	九里香 Murraya Paniculata (L.) Jacks.	又称月橘。常绿灌木或小乔木。干茎柔软微开展，树皮灰白色，多分枝。奇数羽状复叶，互生，卵形至倒卵形，全缘，革质，有光泽。花白色，伞状花序，极芳香	九里香花白，极香，浆果形色俱丽，为重要的园林观赏植物。其枝干苍劲，生长力强，是制作盆景的好材料，也是岭南盆景的主要树种之一
14	南天竹 Syzygium Buxifolium Hook. Et Arn.	常绿直立灌木，茎多丛生，直立而分枝少。叶通常为三回羽状复叶，色深绿，薄革质，冬季常变红色，花期5—7月，9—10月果熟	南天竹干茎直立，枝叶扶疏，秋季叶色变红，红果累累，经冬不凋，是既可观叶、又可观果的优良树种，也是常见的观果品种之一
15	火棘 Pyracantha Fortuneana (Maxim.) L.	有枝刺，单叶互生，倒卵形或倒卵状长圆形，先端圆钝微凹，缘有圆钝锯齿。花期5月，白色。梨果近球形，9—10月成熟时呈红色	火棘枝繁叶茂，入秋果红似火，犹如珊瑚，且经冬不凋，是园林中良好的观果树种。枝干耐修剪和蟠扎，是制作盆景的好材料
16	枸骨 Ilex Cornuta Lincll. ex Paxt.	又称鸟不宿。常绿灌木或小乔木。树皮灰白色，平滑不裂，枝扩展密生。单叶互生，硬革质，矩圆状方形，顶端扩大，具3个硬而尖折刺齿。花黄绿色，簇生。核果球形，鲜红色	枸骨叶形奇特且茂密，浓绿且有光泽，入秋红果累累，经秋不凋，是良好的观叶、观果树种，适宜于点缀景观，是培养制作盆景的优良树种
17	枸杞 Sageretia Theezans (L.) Bronyn.	落叶蔓性灌木。多丛生，枝弯曲下垂或拱形，有纵棱，具叶状枝刺。单叶互生或簇生于短枝上，棱状卵形至卵状披针形，薄纸质，全缘。花淡紫色。浆果椭圆形至卵形	枸杞枝条细柔，姿态优美，花期长，入秋全株红果累累，甚为美观，是较好的秋季观果树种，也可选其虬干老株作盆景，易于造型，姿态古朴，有较高的观赏价值
18	瓶兰花 Tamarix Chinensis Lour.	又称金弹子。常绿或半常绿灌木。树皮灰褐色，小枝密生。叶薄革质，倒披针形或长椭圆形，色油绿。初夏开黄绿色小花，单生叶腋，有芳香，形似瓶状，故又称瓶兰花	枝繁叶茂，树形优美，夏日繁花密集，秋天果红叶绿，是观叶、观果俱佳的庭院树种。亦可挖掘山野老桩盆栽培养，铁干虬枝，果实累累，甚堪玩赏

续表

序号	树名	形态特征	造型特征
19	山楂 Crataegus Pinnatifido Bunge	树皮暗灰色，小枝褐红色，具刺枝。单叶互生，叶三角状卵形至菱状卵形，叶羽5～9深裂，缘有不规则锐锯齿。花白色。梨果近球形，熟时红色	山楂树冠整齐，花繁叶茂，叶形美观，秋果鲜红，是观花、观果、观叶皆宜的良好树种。其耐修剪，易造型，也是较好的观赏盆景材料

4. 竹草类

此类植物为禾本科竹亚科植物，以及草本植物，植物以丛生型竹和多年生宿根常绿草本植物为主。其特点是竹类植物株形矮小，丛生，叶片细小，披针形，色泽翠绿，或有条纹状间色，杆自基部分枝，杆形通常以圆形为主，也有方形、橄榄形等，节短，色以绿、黄为主，也有紫色。该类竹喜光，耐阴不耐寒，喜温暖湿润环境，在疏松、排水较好的沙质土壤中生长良好。造型常采用修剪技法，配以山石，再现自然竹林景观的竹石盆景，也可作为树石、山水盆景的植物配置。草本类植物特点是常绿，多年生，株形矮小，丛生，叶小或纤细呈线形，花果小而色艳，具有较好的观赏效果。常用作盆景植物的配置、点缀。

常见的竹草类盆景植物有凤尾竹、橄榄竹、菲白竹、紫竹、方竹、菖蒲、芭蕉、铁线草、沿阶草、旱伞草等。

第二节　盆景山石材料

我国地域辽阔，地形、地貌复杂，山石种类极为丰富，作为盆景山石材料应具备轮廓清晰，色泽圆润，皱纹细腻丰富并有其明确的纹理走向等特点。色泽以白色、黑色、灰色、青色、棕色等单色为佳。石质坚硬的要有自然纹理，石面要保持天然形状；石质疏松的，经过雕琢加工，尽可能显示其石质骨架纹理，并具有较好的吸水性等特征。盆景山石材料一般按其质地的不同分成软石类和硬石类。

一、软石类

软石又称吸水石，其质地疏松，便于截锯、雕琢，可塑性强。一些硬石无法表现的内容、技能均可在软石中得到体现，从而丰富了盆景的内容，其缺点是石质感不强，易风化、损坏，保存年代不长，故价值不高。常用的软石有以下几种：

1. 砂积石

砂积石学名灰华或钙华，有土黄、灰褐及棕红色，因产地不同，色彩略有深浅之

别。砂积石是碳酸钙与泥沙的聚积胶合物，质地不均匀，含泥沙处疏松，含碳酸钙处则坚硬。砂积石内部管、洞、孔等变化丰富，吸水性强，其上可生长一些小植物，尤宜青苔生长，因而富于生气，同时易于加工，能雕凿出各种形状和皱纹，宜表现一种土夹石的山景，具有自然气息。其缺点是石感不强，并容易破损，且大多数结构粗犷，只适宜做近景特写的造型。白砂积石，因其结构均匀细密，石质好，可以精雕细刻制成远山或玲珑剔透的造型。砂积石是山水盆景中常用的石料之一，各地盆景中均有佳作，主要产于安徽、浙江、广西、四川、湖北、山东、江苏等。

2. 芦管石

芦管石颜色和成分均与砂积石相同，但多以错综管状纹理构成，形态奇特。因管状粗细不同也有不同的叫法，其中粗如芦杆的称芦管石，粗如竹管的又可称为竹杆石，而细如麦秆的也称麦管石。管的分布在表面、内部无变化的称明芦管，有的只藏在内部，表面平淡无奇的称暗芦管。芦管石变化丰富，奇峰异洞天然生成，具较高观赏价值，是制作山水盆景的好材料，只要稍作加工，就能成奇景佳作。在选用时应尽量取其自然，加工要因势利导，扬长避短。芦管石与砂积石多产在同一地区，有时夹杂在一起，产于安徽、浙江、广西、湖北、山东、江苏等地。

3. 海母石

海母石又称海浮石，白色，由珊瑚虫石灰性物质和遗体聚积而成，吸水性能好，质地较疏松，分粗质和细质两种，粗质较硬，不易加工，细质较嫩，容易雕琢，刚打捞出水的海母石因其含盐分较多，需用清水浸泡，除去海水、盐碱方可种植物。此石宜作雪景、小型山水盆景，主要产地在东南沿海群岛。

4. 浮石

浮石又名浮水石，有灰黄、灰白、浅灰及灰黑等色，以灰黑色最好，是火山喷发后期的灼热喷出物降落沉积而成。质地细密疏松，多空隙，极轻，能浮于水面，易于雕琢加工，适宜制作精巧细腻的山水盆景。缺点是易风化破损，缺少大料，只能作小型山水盆景。主要产于吉林长白山、黑龙江德都等火山区。

5. 鸡骨石

鸡骨石有红褐色、土黄色、乳黄色、灰色等，以色、纹状如鸡骨而得名。质清脆，能浮于水面，吸水性能一般，结构纹理有如国画中的乱柴皴，表面皴纹复杂多变，透漏的特点较显著，产于安徽、四川、河北、山西等地。

二、硬石类

硬石质地坚硬，不易雕琢，加工困难，不吸水，植物栽种成活困难。但其具有独特的皴纹、色彩、形状、神态，是制作山水盆景的好材料，缺点是不易加工，表面不易雕琢，组合时山石之间表面皴纹难以统一。常用的硬石有以下几种：

1. 树化石

树化石又称木化石、松化石、硅化石等，学名硅化木。它是由树木形成的化石，千万年前，因地壳运动将树木压入地下，后经长期高温高压使树木内部有机质逐渐分解，二氧化硅与木质纤维中的碳素进行交换、充填等石化作用，外形保持了树躯面貌，而内在质地已变成二氧化硅。树化石颜色有黄褐色、灰黑色、棕红色等，其质地坚硬而脆，不吸水，表面有木纹样皱纹，线条刚直有力。根据木纹、节疤等特征又可分为松柏化石、杉木化石、竹化石等。树化石是山石中的珍品，通常用做清供，也是制作山石盆景的较好材料，主要通过敲击和拼接进行加工造型，适于表现高峻的山峰、石岩、峭崖等，效果都很好。

2. 英石

英石学名英德灰岩，亦称英德石，主要成分为碳酸钙。多为灰色或浅灰色，或间有白色，偶有浅绿色，以黑如墨、白如脂者为上品，是石灰石经自然风化和长期侵蚀而形成的。质地细腻，坚硬而脆，不吸水。一般具有很好的天然形状，孔、洞多而形态嶙峋，表面皴纹丰富并有变化，分巢状、大皱、小皱等。有些有正背面，正面褶皴密集，背面则平坦。英石坚固耐久，不易损坏，但也不可雕琢，主要通过截锯和拼接进行造型。选择英石主要看其天然形状、 皴纹孔洞等。英石是传统的观赏石之一，可作山水盆景、水旱盆景、挂壁盆景和树桩盆景的配石等，也可用做供石。《云林石谱》一书所载，苏东坡在扬州获得双石，一绿一白，即是指英石。产地主要在广东英德、石灰铺、明迳、九龙、大湾一带。

3. 斧劈石

斧劈石简称劈石，江浙一带通常称为剑石，属页岩类。斧劈石层理结构明显，质地坚硬，吸水性能较差。线条纹理挺拔，刚劲有力，表里一致，受敲击后纵向裂开，多呈修长的条状或片状，其石纹如同山水画中的“斧劈皴”,故而得名。该石形态雄秀浑厚，颜色稳重，便于加工。通常多用于山水盆景，表现近山、远山皆宜，适宜作险峰峭壁，雄伟挺拔，有刺破青天之势。若与喷泉结合，如雨后山峰，峻峭挺立，气象万千。制作小型或微型盆景也不失风姿，别有韵味，斧劈石是山水盆景的主要石料之一，制作斧劈石盆景，主要通过敲击、锯截和少量的雕琢加工。由于形成的地质不同，不同的斧劈石在颜色、层理、质地等方面也有所差异。颜色有灰白（青斧劈）、白色、土黄（木纹斧劈）、深灰、黑色、土红、夹白斧劈（雪花斧劈）等；结构也可分为片状（适宜做远山式）、条状（适宜做立峰式）、丝条状（为质地最好的斧劈石）等。即使同一产地的石块也可能有上述差异。产地主要有江苏、浙江、安徽、贵州等省。

4. 灵璧石

灵璧石又名磬石，属石灰岩。颜色较多，有灰黑、浅灰、白、土红等色。石质坚硬，均匀，叩之音脆，如金属相击之声，且不同部位声音亦不同，犹如弹拨乐器，清亮悦耳。形态与英石相似，线条柔和，有孔洞变化，但表面皴纹较少。质地紧密，不吸水。灵

璧石为古典清供名石之一，因加工不易，通常选择声音变化多、造型奇异者，配上红木几座，作案头供石，也有普通者用于树木盆景的配石。主要产于安徽灵璧县及周围的山地。

5. 千层石

千层石又名万卷书石，通常深灰色，中间一层夹一层浅灰色层，层中含有砾石，从外表看如一本本书堆叠而成，是一种久经风化的石灰质页岩。该石片理较厚，由石灰质与硅质沙层交叠而成，交替较有规律。其石质坚硬，不吸水。石纹横向发展，如山水画中的折带皴，外层则似久经风雨侵蚀的岩层。层与层之间，由于质地不同，造成风化的变异，加上不同层次颜色的交替变化，更增加了上下之间的对比。千层石不便雕琢加工，通常经过敲击、截锯和少量的雕琢，制作山石盆景，或作树桩盆景，可营造海礁、海岛、沙漠景象和荒凉的环境气氛。产地在江苏、浙江、江西、安徽、山东等省的沉积岩山区。

6. 湖石

湖石亦称太湖石，是石灰岩在淡水湖环境中沉积，并长期受湖水冲刷和溶蚀而形成的。一般采自湖底或湖边。通常为数米长、几十千克重的大石，也有小块者，但产出较少。湖石质地均匀、紧密、坚硬，有一定的脆性，稍能吸水。其形态玲珑剔透，特征显著，轮廓线柔和圆滑，石面皱纹具起伏回转、蜿蜒多变的曲线形，还常有许多奇态异形的洞穴，主要因湖水冲击而形成。湖石是我国江南园林中最重要的制景石材，也是主要的古典观赏石种之一，对其观赏审美价值，常用透、漏、瘦、皱来评判。江南园林中对湖石的应用比较广泛，经常用以堆叠假山、驳砌湖岸或作自然峰石进行缀景，但也可用于盆景，多作大型树桩盆景的配石，具有浓缩自然的韵味。湖石有多种颜色，如灰白、青灰、土黄等，以纯白色为最佳。主要产于江苏太湖，其他如江苏宜兴、浙江长兴、南京龙潭、安徽巢湖等地也有出产。

7. 龟灵石

龟灵石又名龟纹石，属石灰岩。因自然风化和长期侵蚀形成，质地坚硬、紧密，稍能吸水。其表面有深浅不一的龟裂纹，因而得名。龟灵石体态浑圆，除龟裂纹外，表面比较光滑，皴、皱较少，给人壮实厚重、气势雄伟的感觉。颜色有灰白到灰黑等多种，也有几种颜色相间混杂。我国南方园林中用龟灵石布置景观的较多，与棕榈科植物协调配置，具有线条柔和、亲切感人的南国风情。也有选择中小型的制作山石盆景，常可表现远景峰峦和海岛礁石景观，即所谓“平远式”盆景。主要产于四川、山东、广西等。

8. 钟乳石

钟乳石是在石灰岩溶洞中形成的，因而得名，又称石灰华。其质地是由方解石与泥沙胶结成的一种集合体，千姿百态，色彩丰富，通常为乳白色，或呈淡黄、灰白、白、微红等色，但也有因所含杂质成分不同而呈现多种变异色，如碳酸钙溶液中含有氧化铁、铅或黏土会呈黄褐色，含有硫质会呈黄色，含硫化氢则呈翠绿色，还有蓝色、多色混杂的等，有些石身还闪烁晶莹夺目的光彩。钟乳石石质紧密、坚硬、不易雕琢，吸水性能较

差。其外形变化丰富，有的表面较光滑，有的则呈毛刺状、豆粒状、核桃状、葡萄球状、灵芝状、细珠状、玉笔状、水文状等各种形状。横断面光滑平整有玻璃光泽和同心圆状纹，少有洞穴、缝隙等，中心石质相对较疏松。钟乳石形状奇特，艳丽多姿，肌理丰腴，通常多用于山水盆景，可表现独峰、群峰、山峦、洞壑等景象，有些也可配几座作供石。主要产于广西柳州、桂林，安徽铜陵，以及江苏、浙江、江西、云南等地。

9. 砂片石

砂片石又称砂积石，属于表生石英砂岩。颜色有灰、青、黄、绿、锈黄等，是古河床内的沉积石英砂，经长期流水冲刷、侵蚀而形成的。其中有以钙质为石英胶结物的形成灰色或青色钙质砂岩；以铁质为胶结物的形成锈黄色铁质砂岩；以钙质、铁质共同参与胶结的则呈黄绿色。石英砂粒粗者称粗砂积石岩，反之为细砂积石岩。砂片石吸水性能较好，可生长苔藓和细小的植物。其外形锋芒挺秀，具有深浅不同的沟壑或长洞，表面皴纹以直线为主，有时也杂有曲线，有扭曲状、云丝状、云纹状、穴窝状等线型。砂片石可进行锯截加工和一定程度的雕琢，宜作山水盆景，形态风骨俊俏，皴纹生动，表现力丰富，常可表现峰、崖、峡、涧、礁岸、岛屿等多种自然景象。产自四川成都、湖北宜昌等地。

10. 石笋石

石笋石又称虎皮石、松皮石、白果岩、剑石等，是一种变质砾岩。颜色有灰绿色、褐红色（松皮石）、土红色、土黄色等，中间夹有石灰质的砾石，如同白果大小，灰白色。砾石含硅质，易与空气中的二氧化碳作用风化成许多眼、巢状穴，称之为凤岩；如砾石风化不够，或未风化者，称为龙岩。石笋石多为条状石，形似石笋，石质坚硬，不吸水。石笋石在使用时，常通过敲击、锯截和拼接进行加工造型，可用于山水盆景，宜表现峭壁险峰景象，或作竹类盆景中的配石，如同竹笋。园林中也常用石笋石作竹石小品。产于浙江、江西等地。

11. 锰石

锰石学名为石英质铁锰石，表面含铁锰质，呈深褐色、铁锈色，有些近黑色，里面是石英质，呈灰白色。锰石质地坚硬，吸水性能较差。外表纹理优美，锋芒挺秀，以直纹为多，为竖线条石种，有似砂片石的一种。通常可稍作雕琢加工，但主要依靠拼接造型，适宜制作山石盆景，可表现雄健挺拔的山峰。锰石主要产于安徽等省。

第三节　景盆、几架与配件

一、景盆

盆景乃盆中之景，有景必有盆。盆对盆景的作用不仅作为栽种植物或盛放山石的器皿，而且是整个盆景造型的组成部分。盆既划定景物的构图范围，又与景物相辅相成，紧

密结合，有着实用价值和艺术价值。

我国的陶瓷工业发达，所制景盆造型古朴、色彩素雅、工艺精湛、款式多样、质地细腻、坚固耐用，其本身就是艺术品，是盆景艺术不可分割的组成部分（图2—1）。

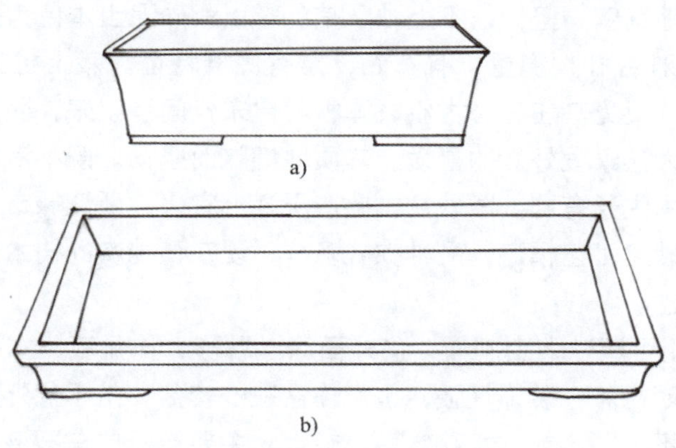

a）盆栽景盆　b）水底景盆

图2—1　景盆

景盆按可用途和质地分类。

1. 按用途分类

景盆按用途可分为盆栽盆和水石盆两类。

（1）盆栽盆。盆底有排水孔，盆口较深，大都用于栽植树桩盆景。宜兴东山曾出土汉代带孔陶盆（图2—2），说明当时已有专用盆栽的盆栽盆了。

图2—2　汉代带孔陶盆

（2）水石盆。也称水底盆，盆口较浅，无孔，一般用于山水盆景，或树石合栽。

2. 按质地分类

景盆按质地分类可分为紫砂盆、釉盆、瓷盆、石盆及天然云盆等。

（1）紫砂盆。采用紫砂泥，经过开采、精选、提炼制成陶胎（不着釉彩），再经过高温烧制而成。其质地细密，坚韧，不上釉。其色彩以紫砂泥土本色为主，无光泽，颜色暗红，偏深。色彩典雅古朴、稳重、有蕴涵，富有民族特征。栽上桩景，有烘云托月之功，无喧宾夺主之嫌，更见其庄重、古雅、浑朴。自宋代问世以来，因其把实用性和观赏性融为一体而深受广大盆景爱好者的喜爱。其质地细腻而坚韧，既不渗水，又有一定的透气性，这一特性对树木生长有利。紫砂盆主要产于江苏宜兴、浙江嵊市、四川荣昌和崇宁等地。宜兴出产的紫砂盆工艺精湛，品种款式多样，现在高档次的树木盆景用盆很多是选用产地为宜兴的紫砂盆。

（2）釉盆。采用可塑性陶土制作，盆外面涂上釉彩，作盆栽、水石均可。釉盆色彩丰富，色泽光亮，鲜明古雅，装饰性强，也常作盆栽的套盆。由于盆外面上了釉彩，其透气性能稍差，故底部不上釉，或排水孔较多、较大。主要产于广东石湾、江苏宜兴等地。

（3）瓷盆。采用精选瓷土（高岭土）烧制而成，其质地细密坚硬，色彩鲜艳华丽，且盆面大都有彩绘图案，与景物不协调，吸水透气性差，不宜作景盆，常用于陈设套盆。

（4）石盆。采用天然大理石凿制而成，质地坚实，色彩素淡，多为白色、灰白色，有正方形、长方形、圆形等，因为体量较厚重，一般宜作大型景盆，固定于庭院中。石质以细致润泽的房山汉白玉为上品，常作山水景盆。

（5）天然云盆。石灰岩溶洞中，由岩滴而凝于地面，形成盆钵状，盆钵边缘曲折层叠，犹如云彩，故名“云盆”，极富自然雅趣。

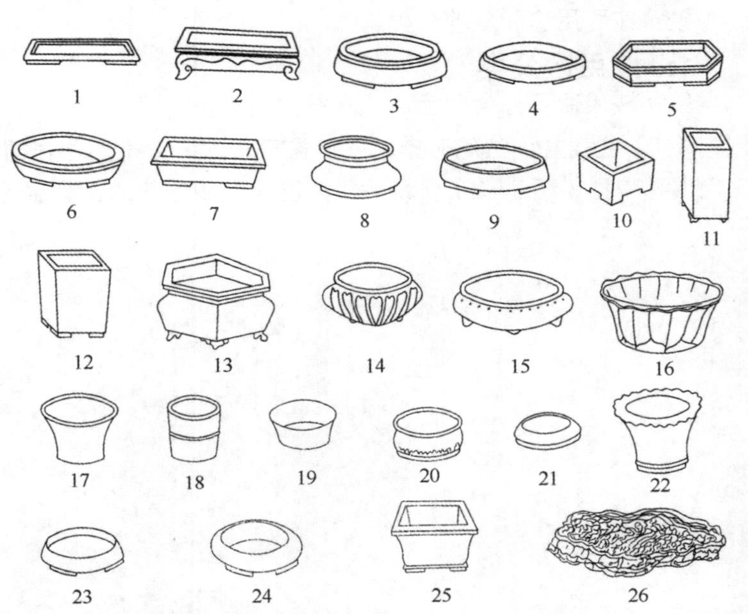

1—长方浅水盆 2—条儿式水盆 3—箍腰圆浅盆 4—椭圆浅水盆 5—抽角长方浅盆 6—菱形浅盆 7—长方浅盆 8—高颈圆钵 9—腰圆浅盆 10—斗方盆 11—干筒盆 12—方筒盆 13—平肩六角盆 14—高颈楼花盆 15—兽足纹边盆 16—莲花盆 17—漂口圆筒盆 18—平口竹节筒盆 19—漂口圆浅盆 20—镂花圆浅盆 21—圆浅盆 22—圈足漂口圆筒盆 23—平足圆浅盆 24—三足圆浅盆 25—漂口斗方盆 26—云盆

图2—3 常见景盆类型

图2—3 所示为各种常见的景盆类型。

二、几架

陈设盆景用的几座称几架，又称花架。几架的作用在于突出景观，提高盆景观赏效果，起陪衬作用。同时改善盆景陈列、展出时的环境气氛，起到点缀装饰效果。其本身就是艺术品，有较高的观赏价值。在选择几架时，要注意几架的功能，处理好景、盆、架三者的协调关系，避免几架装饰过于华丽而喧宾夺主。要求几座形态古朴、雅致，造型生动，线条简练，清雅朴实。几架的材料、造型种类极为丰富。一般有以下几种常见的分类方法：

1. 按其材料质地分类

几架按其材料质地可分为木质、石质、陶质、金属质等。

（1）木质。常见有红木、楠木、香红木、紫檀木、枣木、榉木、柏木、瘿木、黄杨木、花梨木及竹制品等。这一类较适合于室内、厅堂陈设。

（2）石质。常见有各种石料凿制成的石礅、石案、石几、石座等，适合于室外、庭院陈设。

（3）陶质。常见有陶土烧制的台、礅、座等多形几架，也适合于室外、庭院陈设。

（4）金属质。用各种金属、合金制成的装饰性较强的几架。根据需求，适合于各种环境。

2. 按其造型分类

几架按其造型可分为规则型和自然型两种。

（1）规则型几架。规则型几架又可分为桌、几、礅、架等。

1）桌。大型几座，如方桌、圆桌、供桌、餐桌、双拼圆桌、梅花形桌等。

2）几。中小型几座，小型的桌类，如方几、圆几、鼓几、书卷几、高脚几、两搁几、四搁几等。

3）礅。以陶、瓷、石制作的几座，有石礅、陶礅、瓷礅等。

4）架。呈山形，微型组合的几座称架，如博古架、十景架、多宝架等。通常有方形、长方形、圆形、半圆形、椭圆形、扇形、多边形等形式。

（2）自然型几架。采用天然树根、树蔸、山石，经截锯、整形、雕刻、修饰而成。其保持着自然生动、曲折迷离、线条流畅、形体空透的形态，有着较高的陈设价值。

如图2—4所示

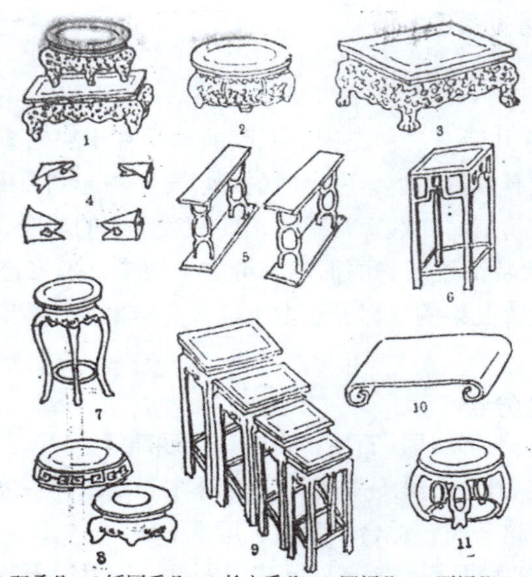

1.双叠儿；2.矮圆香儿；3.长方香儿；4.四阁儿；5.两阁儿；
6.高圆花儿；7.圆花儿；8.矮圆儿；9.套儿；10.书卷儿；11.圆香儿

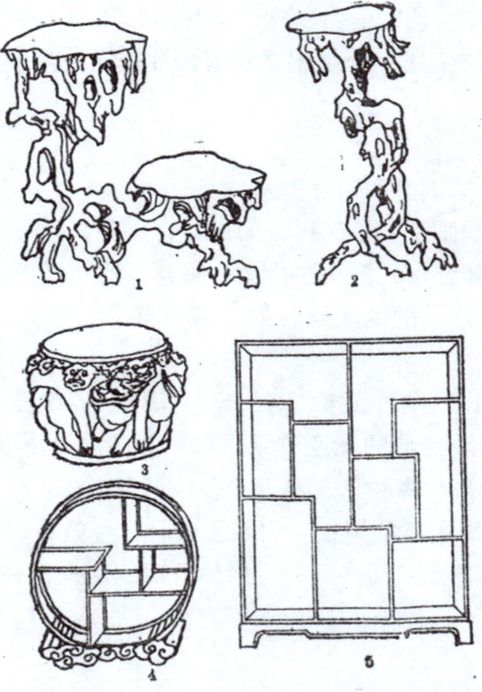

1.高低树根儿；2.树根花儿；3.九狮墩；4.多宝根；5.博古架

图2—4　常见几架类型

三、工艺配件

工艺配件是指盆景制作中使用的陶塑、泥塑、石刻、砖雕、金属铸造的人物、鸟兽、亭台、桥塔、船、车等小件点缀品。

工艺配件的使用要注意和盆景主题相呼应。注意大小比例、色彩、质感以及造型生动，制作要精细，形成诗情画意表达盆景的意境，且作为一种构图的尺度因素来体现小中见大的艺术手法，起到画龙点睛的作用，深化盆景主题。

常见的盆景用小配件有：

（1）人物。牧童、老翁、渔翁、书生、樵夫、农夫等。

（2）鸟兽。仙鹤、小鸟、牛、羊、马等。

（3）建筑。方亭、圆亭、三角亭、四角亭、扇亭等，水榭、厅堂、村舍、草屋、方塔、圆塔、曲桥、拱桥、帆船、竹筏等（图2—5）。

图2—5 常见的工艺配件

第四节 盆景制作辅助材料与工具

盆景是一门视觉艺术，同时也是一门立体的造型艺术，植物的修剪、蟠扎、栽种、养护，山石的截锯、雕琢、组合造型，都需要丰富的专业知识和文化素养，还需要高超、精湛的造型技能。借助于适用的工具及辅助材料，更能得心应手，使创意得以发挥，使创作出意境更为深远的艺术品。

一、桩景制作辅助材料与工具

1. 蟠扎材料

（1）棕丝、棕绳。常用于干枝的蟠扎。

（2）金属丝。有铝丝、铜丝、铁丝，常用于枝的蟠扎造型，也可粘于盆底，固定根系。

（3）麻皮、胶布。常用于茎、干蟠扎、弯曲时树皮表面的垫衬，以免损伤皮层。

2. 制作工具

（1）疏枝剪。长柄，刀刃较短，刃薄，专用修剪一二年生的嫩枝及花、果、叶片。

（2）剪枝剪。刀刃较厚，常用于3～5年生枝条的短截和须根的修剪。

（3）万能剪。又称月牙剪，一侧刀刃锋利，刃薄，较宽；另一侧刀刃较厚，常用于修剪较粗、木质较硬的枝条。

（4）平头斜口剪。长柄，刀刃短、厚，平头，常用于修剪主干分枝，不留茬。有利于茬口愈合，还可用于修剪较粗的主、侧根。

（5）镊子。常用于摘芽、叶、花、果，不易伤害嫩枝。

（6）斜口刀。长柄，刀口宽、薄、锋利，常用于修整创口，使创口平滑，易愈合。

（7）手锯。各种大小不一的木柄手锯，常用于截锯较粗的枝、干、主根。

（8）雕刻刀凿。有平口、斜口、圆口、三角口等各种雕刻小刀凿，常用于茎、干、枝的修整，如枯枝、枯顶的造型。

（9）雕刻机。手提式电动机具，配以各种型号的钻、刃，常用于茎、干的雕刻，如茎、干的打孔，去本质部，去皮等。

如图2—6所示为各种剪刀，如图2—7所示为各种雕刻刀凿。

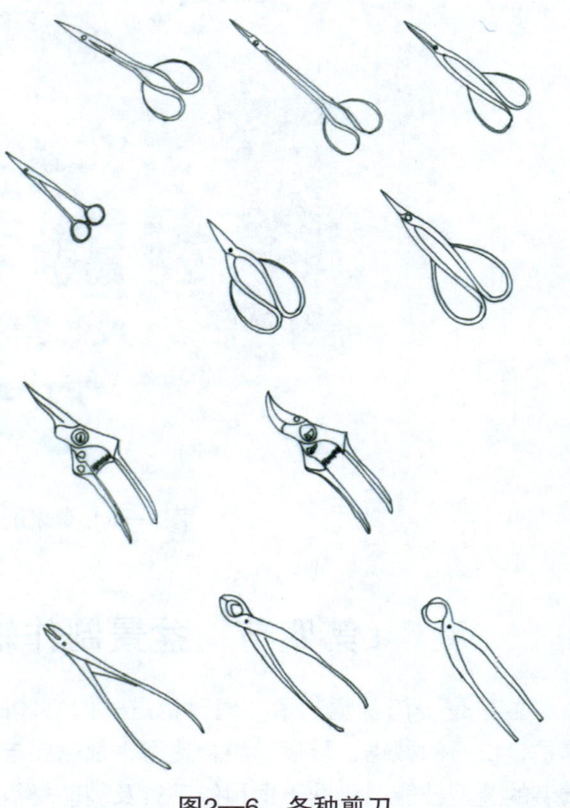

图2—6　各种剪刀

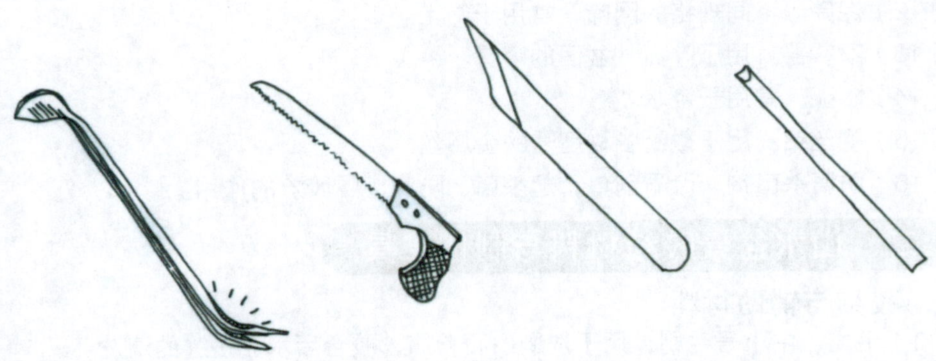

图2—7 各种雕刻刀凿

（10）辅助工具。主要有转台、曲干器等。转台是能旋转、升降的操作台，便于造型。曲干器则常用于茎、干的弯曲，两边固定，中间旋转，调节弯曲弧度（图2—8）。

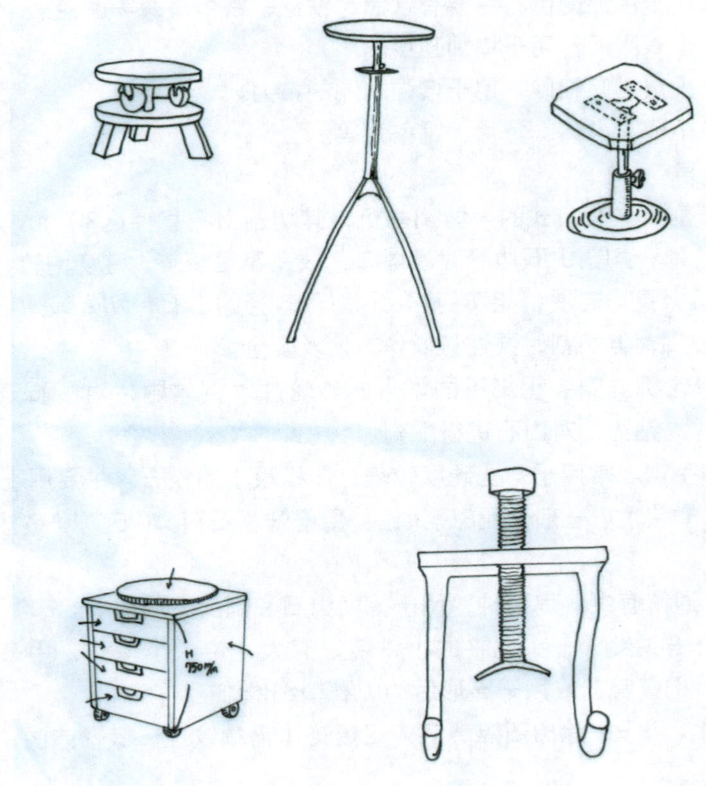

图2—8 转盘、转台、曲干器

（11）金属钩。细长，先端尖，弯曲带钩，常用于树桩翻盆、去除根部土壤。

（12）泥筛。不同规格的网筛，常用于筛土。

（13）喷雾器。用于叶面、盆面的喷雾。

（14）水壶。常用于浇水。

（15）钢丝钳。用于截断各种型号的金属丝。

（16）防腐杀菌剂。涂于创口，起杀菌、防腐、防胶流的作用。

二、山水盆景胶结材料与制作工具

1. 胶结与辅助材料

（1）毛刷。中小号毛刷，用于洗刷山石粉屑，胶合后水泥拼缝的清洗。

（2）记号笔。用于在山石上划定雕琢截锯的轮廓线。

（3）橡皮垫。软石加工时，垫于山石之下，以免山石震裂。

（4）油灰刀。用于搅拌水泥、黏合山石。

（5）白水泥。作为山石的黏合剂。

（6）颜料。用于水泥配色，主要有铁黑、铁红、铁黄、绿等颜色。

（7）胶水。掺入水泥，用于增加强度。

（8）黄沙。少量过筛细砂，用于增强水泥的拉力。

（9）其他。小桶、小钵、竹片、锯条片等。

2. 制作工具

（1）山石切割机。有台式的大型切割机，其切割山石直径达30 cm以上，切割稳定性较好，因其切片厚，切割山石边缘时易爆口，故完整性较差，宜切割较大的山石主体。手提式小型切割机，灵巧方便，能切割14 cm以下直径的山石，切片较薄，切割完整性较好，宜切割山石坡脚，但切割时要注意操作方法及安全。

（2）角相砂轮机。安装粗细不同型号的砂轮片、钢丝刷，对山石表面棱角进行打磨，也可安装切片、钻刃，对山石进行雕刻。

（3）钢锯和手锯。常用于一些硬度较差、体积较小的软石，主要用于平底。

（4）锤子（榔头）。一般选用8磅大锤，用于开凿石料。0.5～1.5磅小锤用于敲击山石块面。

（5）凿子。通常有尖、扁两种，用于挖凿山石和剖劈大块山石。

（6）琢镐。一头尖、一头扁平的小铁镐，有大、中、小型号，用来雕琢山石底纹理、皱褶、洞穴、沟壑等，或用于整形后的山石精细修饰。

（7）钢丝刷。用于去除山石雕琢底人工痕迹（需顺纹理、皱褶方向）及山石表面泥土、杂物。

（8）砂轮。打磨山石轮廓和人工雕琢的痕迹。

如图2—9所示为各种山石雕琢工具。

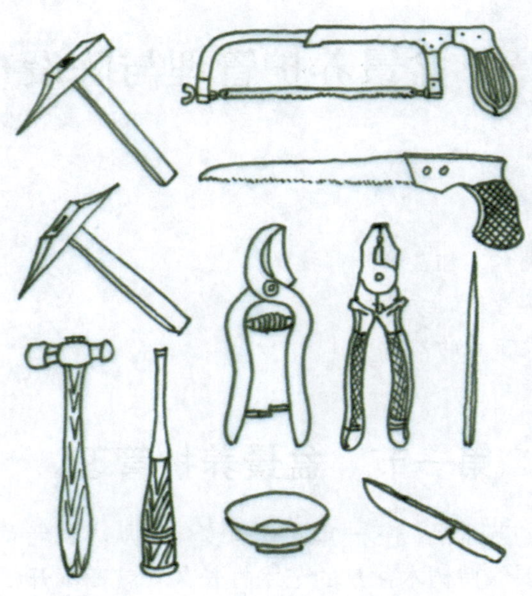

图2—9 各种山石雕琢工具

思考与练习

1. 你认为什么样的树木比较适合作盆景材料?
2. 对当地的岩石作一调查，列出哪些适合作山水盆景材料。
3. 简述几架的种类和特点。
4. 简述盆景配件的种类和特点。

参观实习：参观当地的花木市场，写出你所见到的盆景植物、山石和制作工具。

第三章 盆景养护管理与陈设布置

学习目标

- ◆掌握树木盆景的浇水、翻盆和修剪技能
- ◆掌握树石盆景养护管理的方法
- ◆了解中国盆景陈设布置的一般规律

第一节 盆景养护管理

树木盆景是有生命的艺术品，它一年四季有变化，从小到老有变化，甚至一日之内早、中、晚都有变化。要保持树木盆景的艺术性长久，就离不开精心的养护管理，常言道：“三分种，七分养”，道出了养护管理的重要性。

一、树木盆景养护管理

树木盆景的养护管理有日常养护管理和植物保护管理之分。

日常养护管理是指通过浇水、施肥、修剪等技术，促使树木盆景生长良好，达到维持景观的目的。植物保护管理是指采用病虫害防治的手段，保证树木盆景的健康生长。

1. 浇水

水是植物生长的第一要素，离开水，植物就要死亡，水过多或过少，都会影响树木盆景的生长发育，严重的会导致死亡。浇水看似简单，但要掌握合理的浇水并非易事，需要摸索规律，学会科学管理。浇水通常是树木盆景养护管理最基本的工作，必须掌握。浇水的原则是：“不干不浇，干则浇透。”根据树木盆景自身的特点与环境因素确定需水量。

（1）需水量

1）树木因树种不同，需水量也不同。一般叶大、质地较软的，其水分蒸腾快，浇水需多些；叶小、质地较硬的，其水分蒸腾慢，浇水需少些。耐干的树种要少浇，喜湿的树种则要多浇。

2）树木的不同生长期，需水量也不同。在花芽分化期，浇水量少些，有利于花芽增多。开花期和结果期，则浇水量应增大。松类在新芽放叶时要带干些，柏类可带湿些。树木生长初期要比生长末期需水量多。新上盆的树桩由于受伤，则浇水量不宜过多。

3）因天气、季节的不同，浇水量也不同。春秋两季一般每天或隔天浇一次水；夏季每天浇一次或两次水；冬季不宜多浇水，可隔数天浇一次水。梅雨季节则应停止浇水。

4）因盆土土质不同，浇水量也不同。黏土少浇水，砂土、泥炭土多浇水。

5）盆的质地、大小和深浅的不同，浇水量也不同。泥盆易干，紫砂次之，釉盆、石盆则不易干。大盆、深盆应浇水量多、次数少，小盆、浅盆则浇水量少、次数多。微型盆景可放在砂床上，保持湿度，除正常浇水外，还要经常向叶面喷水。

（2）判断盆土是否干湿的方法

1）观树桩。树桩过干失水，会造成树叶下垂、变黄、落叶，甚至死亡。树桩过湿缺氧，会造成烂根，甚至死亡。

2）看盆土。可以从土壤的颜色深浅来判断。颜色深，土壤湿，反之土壤则干。

3）敲盆边。发出闷声的，表明盆土湿；发出脆声的，表明盆土较干。

4）仪器。现在市场上有一种土壤干湿计，插入盆土中便知土壤的含水量。

（3）浇水时间。春秋两季宜在上午或下午浇。夏季一般在早晨或傍晚浇，切忌在中午炎热时浇水。冬季宜在中午浇水。

（4）浇水方法

1）浇。浇水的最基本方法是把水浇在盆土上，严格地说应该用铅壶浇水。水壶不宜提得太高，以免冲刷掉盆土；尽量不要用皮管浇水，这样浇水显得粗放。

2）喷。即叶面喷洒，对树木补水和清除叶灰尘有利，但也不能经常喷水，否则容易引起枝条徒长。

3）浸。对小型、微型盆景不宜浇透，可采用浸水法（图3—1）。

图3—1 浸水法

（5）水的种类。雨水、河水、井水、池塘水、自来水均可用，但要注意两个方面：其一，不能用含盐或含碱的水；其二，水温与土温不能温差太大，调节水温时可先将水存放于水缸或蓄水池。

（6）注意排水。盆内不能经常积水，应设法排水。

2. 施肥

树木（桩）盆景因生长在有限的土壤中，所蓄养分有限，需加以补充。缺肥会造成枝弱叶黄，花果稀少，且易生病，影响观赏效果。但树桩盆景要保持桩景所特有的效果又要适当施肥。因此，应提倡科学施肥。

（1）桩景缺肥的外观判断。缺肥叶形比正常的显小，叶色趋于黄色或淡绿色；芽小，所生嫩叶先端呈枯萎状，叶片稀疏而叶质薄，花芽形成不良，侧枝短小，发育不良。

1）缺氮。叶片发黄，整棵桩景失去绿色。

2）缺磷。老叶先显深绿色至古铜色。

3）缺钾。老叶边缘先变成褐色，并从叶尖向上出现坏死斑点，茎干柔软，易倒伏。

4）缺铁。新叶叶脉呈绿色，叶肉呈黄绿至黄色，严重的还向下部的叶蔓延。

5）缺镁。老叶叶脉间失绿。

（2）合理施肥

1）施肥与气候的关系。关系最密切的是雨量和温度。温度低，雨量少，则肥料分解慢，应施腐熟肥料；温度高，雨量大，则施肥应分次进行。另外，在不同季节，树木吸收养料的能力也不同，因而在不同季节对施肥的要求也不同。一般在初春萌芽期要略施薄肥，夏季宜薄施，深秋与冬季为使新枝木质化和越冬时不受冻寒，应停止施肥。

2）施肥与盆土性质的关系。为能更好地发挥肥料的作用，在施肥时应注意：一是增加盆土中的腐殖质含量；二是要分析盆土中各种养分的情况，缺什么补什么；三是根据盆土的酸碱性施肥，碱性土壤宜用生理性肥料；四是注意土质，黏土应施得浅，以加速分解，沙土应分多次施肥。

3）施肥与树种的关系。不同的树木盆景，由于树种不同、观赏部位不同，对肥料性质、需求量亦各有差异。一般而言，观干、观枝叶类树种宜多施氮肥，一年数次，肥量不宜过多；花果类宜增施磷肥，适量配施钾肥，一年数次，浓度要低；松柏类以氮肥为主，但应少施，以保持针短、叶小。有些树桩需矮化，在前期应控肥。另外，不同的生长期，所需养分也不同，在生长期应多施氮肥，在开花结果期应多施磷、钾肥。

（3）施肥时应注意的事项

1）有机肥料一定要充分腐熟后才能使用，否则会造成肥害。

2）保持肥料清洁，否则易遭病虫害。

3）要薄肥勤施。

4）除特殊情况外可叶面施肥，一般不宜将肥料浇在叶上。

5）新上盆，不宜施肥。

6）施肥后隔日浇水。

7）施肥宜在傍晚或阴天进行。

3. 修剪

树木盆景成型后仍在不断地生长，为防止失去原有的造型，在养护管理过程中需经常修剪，长枝短剪，密枝疏剪，使姿态更加完美。常规养护修剪有以下一些措施：

（1）摘芽。有些树木在生长期，常在其根部及枝干处萌发出不定芽，特别是萌芽力

强的树种，如榆树、雀梅、石榴、六月雪等，如不剪除，不仅影响树形美观，还会消耗大量养分，因此，及时摘芽十分重要。

（2）摘心。在树木的生长旺盛期，常长出许多枝梢。对这些幼嫩的新梢，可用手和剪刀摘去其顶尖，使树冠保持一定的形态，促进腋芽的发育，促使枝叶密集。如真柏、桧柏在5—6月份摘除嫩梢，使树冠更加圆整；松类盆景，除去顶梢壮芽，新长的针叶就比较短小。

（3）摘叶。观叶类的树木盆景，通过摘叶能达到最佳的观赏效果。如枫叶在夏天摘叶，至秋末便更为红艳；榆树如在一年中摘2～3次老叶，则每次发芽长出的新叶常青翠欲滴。另外，摘叶能促使一年发一次叶的树桩为一年发叶2～3次。摘叶时间要在树桩生长旺盛期，摘叶后要立即施肥。

（4）剪枝。树木盆景在生长过程中会发出许多枝条，为保持造型美观，应经常修剪。剪枝时的注意事项：松柏类萌芽力弱，要少剪；花果类要根据其习性修剪；丛林式盆景要注意整体美；梅雨季节树木发枝旺，要勤剪；粗枝宜在休眠期剪；剪枝时要注意剪口芽的方向，一般多留外侧芽。

4. 翻盆

树木盆景在生长到一定年限后会有碍树木的正常生长，这时就应进行翻盆换土。翻盆可以用原盆或换大一号的盆，根据树种及树木大小来决定。翻盆时，将树木连土从盆中脱出，除去土球周围1/3～1/2宿土，松柏类除去1/5～1/3宿土，同时结合修剪去除一部分老根及腐根，剪口应平滑。然后将配制好的培养土种装盆中，盆面土与盆口留出2～3 cm，作为“水口”，以利浇水。

翻盆时间宜在秋后或早春。杂木类，每隔1～2年翻一次盆；松柏类，可每隔3～5年翻一次盆。一般小型盆间隔1～2年，中型盆间隔2～3年，大型盆间隔3~5年翻一次盆。

5. 病虫害防治

病虫害防治的原则是，“以防为主，综合防治”。为了预防病虫害的发生，要做到施用的肥料充分腐熟；使用的盆土要消毒，不宜过湿；场地要清洁，光照、通风要充足；修剪要及时；枝叶要定期清洗。一旦发现了病虫害，要“治早、治小、治了”。

6. “三防”

（1）防晒。要做好遮阴工作，对阴性树种，小盆或浅盆的树木盆景一般都应搭棚遮阴。

（2）防风。应根据天气预报，在大风来之前，预先采取固定、搬移等措施，以避免损失。

（3）防寒。在寒冬季节，为避免树木盆景遭冻害，最好在场地西北方向设置风障，也可以在盆面覆盖薄膜、草包之类以防寒。特别是对一些不耐寒的树种应移至温室内。

微型树木盆景的养护可参照执行。

二、树石盆景的养护管理

树石盆景的养护管理与树木盆景的养护管理基本相同。由于树石盆景中土壤更少，同时又要注意山石的养护，因而养护管理要更精细，特别要注意以下7点：

1. 陈放环境

树石盆景里的树木因生长条件有限，特别要注意养护。通常要放在通风、湿润、透气、遮阴而又能得到雨露的地方。

2. 浇水

树石盆景的用盆大多较浅，盛水少，且无出水孔，要正确判断里面栽植的树木的干湿情况，一般以“不干不浇，干则浇透”的浇水原则进行。

（1）硬石类树石盆景浇水。硬石不吸水，平时要勤浇，但不可浇得太多。要根据不同季节、不同时间、不同品种及土壤的干湿情况及时补充水分。夏季在上午8时前，下午4时以后浇水，还可酌情喷雾。

（2）软石类树石盆景浇水。软石的保水、排水性能好，又会自行吸收水分，一般见表土或青苔不润时才浇水。夏季要适当补充水分。冬季树木生长慢或休眠，可几天或隔日浇足，上午10时后浇水最为相宜，下午3时也可浇水。冬天在室外无防护设备的情况下，盆内不宜储水，以防盆损坏。

（3）喷雾。对树木经常洒水喷雾可除尘去灰，有利于枝叶进行光合作用，吸收营养，并防止被污染造成伤害。

3. 施肥

树石盆景土少且不易换土，容易缺肥，因此要注意经常施肥；宜用稀薄肥液，用根浇法或叶面追肥。

4. 整形修剪

定期进行整形修剪，保持树木的造型优美。

5. 盆内清理工作

树石盆景的盆长期蓄水会产生污垢，引起盆水浑浊，既不卫生，又有碍观瞻。所以要定期换水，洗刷盆具，擦干后要打一次蜡，防止沉淀物污染盆面和盆底。

6. 除草及病虫害防治

平时要清除大的杂草（细小杂草可保留），以防止杂草深入土壤争夺养料。同时，对病虫害防治要做到预防为主、综合防治的原则。

7. 防寒

冬季树木会被冻伤，甚至冻死，山石会遭冻裂、风化、疏松，因此要移到背风处，有条件的应搬进温室养护。

微型山水盆景的养护可参照执行。

实训一　盆景培养基质的配制

一、盆景用土的要求

树木盆景因生长在有限的土壤中，因而对盆土有较高的要求。根据树种适生的土壤类不同，在通常情况下，大多要求生长在含腐殖质、土壤团粒结构良好、疏松、肥沃，以及排水蓄水、透气等性能良好的土壤中。

二、配制培养土的主要材料

盆景配制培养土的主要材料有：腐叶土、稻田土、砻糠灰、沙面土、粗砂、骨粉、炉灰、河塘泥。

三、培养土的配制方法

（1）普通培养土。常按腐殖土：沙面土：炉灰=6：2：2配成；也可用腐叶土（山泥）：粗砂：沙面土=6：2：2；也可用稻田泥：砻糠灰=7：3配制。普通培养土为中性或弱酸性，适合大多数树木盆景生长需要。

（2）稻田土或园田土。在冰冻之前将人、畜的粪尿堆积，经冰冻、风化、打碎、筛细后备用。

（3）腐叶土。取回后，应适当拌入人粪尿，厩肥和绿肥混合堆积，沤制一段时间后使用。

（4）河塘泥。经冬季冰冻风化晒干后拌入20%的砻糠灰即可用。

以上4种培养土可根据树木对土壤性质的要求单独使用或混合施用，亦可添加一些肥料混合使用。

实训二　盆景的翻盆

一、翻盆前的准备工作

第一步：要把确定翻盆的树木盆景的盆土干透，以利于翻盆工作。

第二步：每人准备好一把剪刀、一把花铲、一根竹片，以及所需的浇水工具。

第三步：准备好翻盆所需的培养土、盆、垫片等材料。

第四步：做好学生的分组工作。

二、翻盆前的具体操作练习

1. 教师操作演示翻盆全过程

第一步：脱盆。脱盆时，可用手掌拍打盆的四周，然后用手托住树桩盆，用另一只手的手指从排水孔向里顶出。如遇边口内卷的盆，要把盆边四周的土掏空，对于难脱的树桩，亦可把盆倒置悬空过来，沿盆边口往下轻轻敲击盆口即可（图3—2）。

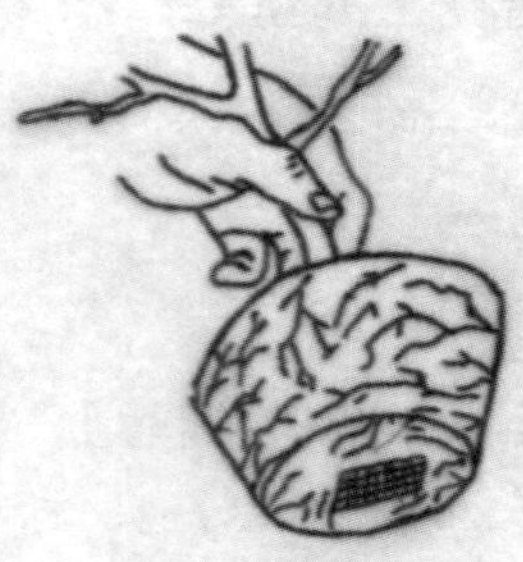

图3—2　脱盆

第二步：去旧土。脱盆后，不论是换大一号的盆还是仍用原盆，都应把旧土除去一部分。去土的多少，一般来说，小盆换大盆少去一些，根系少的少去一些；原盆换的多去一些，但不能超过原盆的1/2（图3—3）。

图3—3　去旧土

第三步：剪根。在除去旧土后，可根据根系发育状况对根进行短剪或疏剪。例如黑松、六月雪、金钱松等向下伸展的主根，每年会在盆底生出一圈根系，因而要

剪去一层层的根系。黄杨、罗汉松等主根向下伸展较明显的，只要将四周的老根剪去一部分即可（图3—4）。剪根时还应对根系进行检查，对枯根、病根、过密根、过长根都要进行修剪处理。

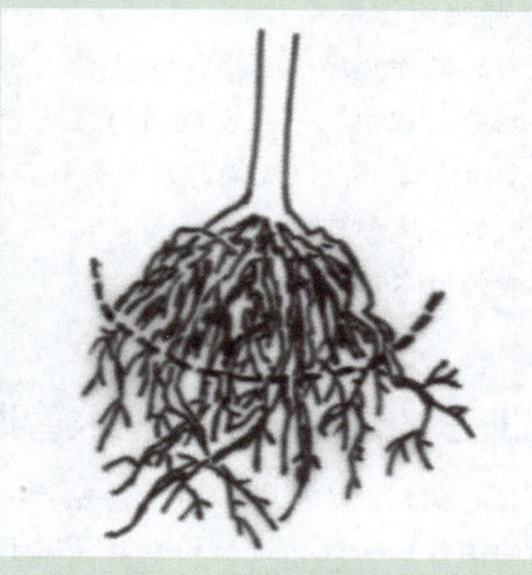

图3—4　剪根时剪切的大体位置

第四步：上盆。选好适当的盆后，先在盆底填好碎盆片或塑料网纱，以利于排水和透水。如遇大盆、深盆，应多填些碎盆片；微型盆、浅盆则可垫上一张塑料网纱。然后填一层粗粒土，将树桩栽入，四周填上新的培养土，边放边用手轻压盆土，或用木棒将土填实，目的是使新土与旧土紧密结合，切忌留有空隙。盆土加至离盆口2～3cm处，俗称留“水口”（图3—5）。

图3—5　上盆填土的方法

第五步：浇水，上盆后的第一次水一定要浇透，以后土不干不浇。在浇水过程中有时会出现盆土凹陷，应及时填平，但不要用手去压或搅拌盆土，否则，盆土干后会板结。如遇小盆、浅盆可用水浸法。水浇透后，最好把盆景放在阴棚处十几天，待盆景生长势恢复后，再置于阳光处。

2. 学生分组练习，教师巡回指导

第一步：严格按照教师的操作顺序进行操作练习。

第二步：教师在巡回指导过程中，一旦发现问题应及时解决。尤其要突出技术要领的难点与要点（如根系的修剪），以及操作动作的规范性。

第三步：练习完毕，做好场地整理工作。

第四步：学生集中，教师做本节课小结。

实训三　树木盆景的肥水管理

树木盆景肥水管理是保持树木正常生长和维持景观的一个重要组成部分，也是树木盆景日常管理最基础的工作。为此，进行树木盆景肥水管理的技能训练显得尤为重要。

树木盆景肥水管理技能训练通常分为浇水技能训练和施肥技能训练。

一、浇水技能训练

常用的浇水技能训练内容有铅壶浇水、皮管浇水、浸水、喷雾。

1. 铅壶浇水技能训练

铅壶浇水的特点：精细、费时费力，适用于高档盆景、数量范围小的盆景。技能训练的具体要领有：

（1）动作规范。要求学生一手拎着铅壶配，一手拿着铅壶的耳朵配，铅壶不宜提得太高，以免水溅掉，冲刷泥土白费力。眼要看好盆口，站姿要自然。

（2）浇水时要观树、看盆，浇水的多少因树、因盆而异，总的原则是“不干不浇，干则浇透”。具体是，浇水时水壶嘴口沿着盆边四周浇，不要盯着一边浇，尤其新上盆的树木盆景易形成水团。如一次浇不透可分几次浇，直到浇透为止，切勿浇半截水。浇水顺序应由前向后，一排排地浇，不要东一盆西一盆地浇，避免漏浇。

2. 皮管浇水技能训练

皮管浇水的特点：粗放、省时省力，适用于落地和巨型盆景。

训练要领：训练时要求学生一手拿着皮管水口处，一手拿着皮管后端处。浇时

皮管口离土尽量要远且沿四周浇，否则易溅土，不易掌握浇水量。皮管浇水时也应一盆盆、一棵棵地浇。

3. 浸水技能训练

浸水的特点：细致、费力，适用于小型、微型树木盆景。

训练要领：训练时要求学生两只手拿着盆，放到水槽中，盆面高于水面，直至土面湿透为止。

4. 喷雾技能训练

喷雾的特点：叶面补水和除尘，适用于高山云雾中生长的树种。

训练要领：要求把带着喷雾头的铅壶或皮管，从树桩的顶部向下喷雾，直至叶片全部淋湿为止。

二、施肥技能训练

常用的施肥技能训练方法有铅壶施、漏勺施，常用的肥料有有机肥、无机肥和细菌肥。

1. 肥料的种类、成分和性质

作为施肥技能训练，首先有必要熟悉肥料的种类、成分和性质，这有助于了解各种肥料的特性，对树木盆景的养护极为重要。

有机肥料是指含有有机物质的肥料，多利用动植物的残留体制成。无机肥料是经人工合成的，又称之为化学肥料。细菌肥料是由土壤中选出的有益微生物，经过人工繁殖后再施入土壤中，以利于植物生长（表3—1）。

表3—1　主要肥料的成分和性质　%

种　类	成　分			性　质	效力
	氮	磷	钾		
人粪	1	0.5	0.37	微碱	速效
人尿	0.5	0.13	0.19	微碱	速效
猪粪	0.3	0.13	0.20	微碱	速效
鸭粪	1	1.4	0.62	微碱	速效
鸡粪	1.63	1.54	0.85	微碱	速效
生骨粉	4.05	22.8		微碱	迟效

续表

种 类	成 分			性 质	效 力
	氮	磷	钾		
大豆饼	7	1.32	2.13	微碱	迟效
菜籽饼	4.6	2.48	1.4	微碱	迟效
黄豆饼	6.34	1.4		微碱	迟效
大米糠饼	2.33	3.01	1.76	微碱	迟效
硫酸铵	20~21			酸性	速效
氯化铵	25			酸性	速效
尿素	42~46			中性	速效
氨水	17~20			碱性	速效
过磷酸钙		16~18		酸性	速效
磷矿粉		31		酸性	迟效
氯化钾			50~60	酸性	速效
硫酸钾			48~52	酸性	速效

2. 常用肥料制法和使用法

（1）人粪尿。人粪尿是我们最常用的肥料，可先入池内或缸内加盖腐熟后使用。使用时，去除杂物，加5～10倍水稀释后施用。对大多数盆景适用，宜在树木营养生长期使用。

（2）家畜、家禽粪。使用方法与人粪尿相同。牛粪对竹类特别适宜；鸟粪、鸡粪含磷质多，对花果树桩特佳。

（3）壳粉。取田螺壳、河蚌壳或猪牛羊爪壳，捣碎后加水浸或煮，将其液稀释后使用，对松类有良好的效果。

（4）饼肥。饼肥又分为液肥和干肥。液肥宜春季至初伏间使用。制法：将饼敲碎或磨碎后加水浸泡，加盖密封，任其发酵（15～30天），然后取面上清液，加清水10倍左右（浓度不宜过大），施入盆土中。水液用完后，再加水浸泡，一般可浸泡3～4次。干肥宜在伏天后至秋初使用。制法：将饼敲碎或研磨成粉末，放在盆土表面，浇水后待其自然分解，养分随水渗入土中，被树桩吸收。

（5）酒糟、米糠。一般与人粪尿拌匀，一起发酵后作液肥使用。藤本植物与松柏类树桩常用此肥。

3. 肥料相互混合的原则

为了满足树木盆景各种养料的需要，常将几种肥料混合使用。但并不是所有肥料都能混合使用，必须符合以下3个原则：

（1）混合后不会导致养分损失。

（2）混合后有利于改善肥料的物理性能。

（3）混合后有利于提高肥效，各种肥料混合使用情况见表3—2。

表3—2　　各种肥料混合使用情况表

肥料名称	硫酸铵、氯化铵	碳酸氢铵、氨水	尿素	硝酸铵	石灰氮	过磷酸钙	钙镁磷肥	磷矿粉	硫酸钾、氯化钾	人粪尿	石灰、草木灰	堆肥、厩肥
硫酸铵、氯化铵												
碳酸氢铵、氨水	△											
尿素	○	○										
硝酸铵	○	○	○									
石灰氮	×	×	△	○								
过磷酸钙	○	○	○	○	×							
钙镁磷肥	×	×	△	×	○	△						
磷矿粉	○	×	○	○	○	△	○					
硫酸钾、氯化钾	○	○	○	○	△	○	○	○				
人粪尿	△	△	○	△	×	○	×	○	○			
石灰、草木灰	×	×	×	×	○	×	△	○	○	×		
堆肥、厩肥	△	×	△	×	○	○	○	○	○	○	×	

“○”可以混合使用

“×”不能混合使用

“△”混合后要立即施用，不可储存

4. 施肥操作要领

施肥操作分为施液体肥和施固体肥两种。

施液肥时将所需施的肥料放在铅壶或漏勺里，施时一定要离盆土近，且沿盆边四周施一圈，肥料要施足至盆底口漏出为止。施肥切勿将肥料碰在叶面上，如有发生，施后用水均匀进行叶面喷洒清洁。施固体肥时，戴好手套用手均匀地将所需的肥料撒在盆土上面，然后浇水，将肥料充分渗入土层中去。不论是固体肥、液肥、混合肥，施肥时一定要注意其浓度，做到薄肥多施。

总之，施肥技能训练要做到勤练，养成科学施肥的好习惯。

第二节　盆景陈设布置与欣赏

盆景自古以来就是室内陈设和庭园布置的高等艺术品。明代的文震亨在他的《长物志》中说："盆玩，时尚以列几案间为第一，列庭榭中者次之。"放之室内能使四壁生辉，置之庭园则为环境增色。但无论是置之于庭院或室内，首先应考虑的是其观赏效果，其次是与环境的和谐统一。

一、盆景的陈设布置

盆景陈设的方法，首先应注意盆景布置的高度。盆景素有"一景二盆三几架"之说（图3—6）。盆钵作为栽植用具和构图范围既具实用性，更富艺术性。而几架的配置，除了提高盆景的观赏价值之外，更可调节人们对盆景欣赏的观赏角度，盆景放置的高低，一般以平视为宜，略低则给人以浩渺辽阔之感，反之则有巍峨高耸之势。盆景宜静观，所以必须将其置于一定的视距之内，视距的长短宜控制在人们能清晰地欣赏到盆景的全貌。

图3—6　景、盆、架三位一体的盆景

其次是在盆景的陈设中，应充分注意到它的背景处理，一般以淡雅简洁为主，切忌喧宾夺主。在盆景的空白处，若用淡雅的字画作背景衬托、补壁，则更富诗情画意，并产生相得益彰的观赏效果（图3—7）。再次，应考虑到各盆景之间的搭配以及盆景和环境之间的相互协调、衬托。盆景的陈设，在确定了基本高度和观赏游览线后，在立面上应有高低、起伏，平面上应有错落、参差。讲究盆景的大小搭配，几、案、架、墩的巧妙配合。在室内外空间组织上，通过对墙体、窗台等的处理，应用传统形式的博古架、漏窗等有计划地

为盆景的陈设创造条件，使盆景的陈设布置与室外庭院相互呼应，与室内装饰相互协调，使它们有机地结合起来。

总之，盆景的陈设应充分考虑到盆景的种类、大小，盆与几架的搭配、环境的协调，以及观赏视距、各盆景之间的相互关系等，注重于提高盆景的艺术效果。

图3—7　盆景室内陈设

盆景的陈设布置通常有庭院点缀、展览布置和室内陈设等数种。

1. 庭院点缀

庭院点缀应结合盆景植物的生物学特性，充分利用庭院空间巧妙地进行布置，能增添庭院中咫尺山林的自然野趣，如门口、路旁、花台等处点缀自然古朴的树桩，则气势更加雄伟；如果在轮廓规整的建筑之前用规则式树桩作衬托，则能使自然景色向人工建筑过渡自然，更能融为一体。其几架常采用古朴的石台、石鼓墩或陶瓷座子等。对于大型盆景，《长物志》说："得旧石凳或古石莲磉为座，乃佳。"盆景的展览陈设可分为庭院展览和室内展览两种。在盆景展览中不但要考虑到盆景的个体艺术效果，而且更要讲究整体的艺术布局。陈设的每一盆作品既是一幅独立完整的风景画，能给人品味的余地，又要使各展品之间形成高低起伏、主次分明、前后错落、疏密有致的整体艺术效果（图3—8）。

图3—8 苏州万景山庄盆景园

2. 展览布置

盆景展览的布置一般分为大门入口布置和展出场所布置。大门入口布置可在大门的两侧对称布置体量较大的树桩盆景，尤其要突出当地地域特色的传统盆景，如苏派盆景中的“六台三托一顶”式盆景等。展览场所的盆景可在游览参观线路的两侧对称布置，也可采用自由式陈设，即形成高低错落、相互顾盼的树木盆景，中间也可穿插山水盆景等。盆景展览的布置一般要利用花墙等作为背景，或设置背景墙，而不宜放置于山水风景之中，否则盆景会显得十分渺小，失去了“小中见大”的意义。同时背景太复杂或色彩接近则不容易突出盆景。盆景展览的整体布置要有序幕，有过渡，有高潮，突出主题；有展尾，形成一个完整的展览体系。如室外展览场地或室内陈设空间较大，则必须布置一些大中型的盆景，这样才有气势；同样，如在同一展台上，于角隅处配以高几，置以大悬崖式盆景，能给人以松挂悬崖之感；在平案之上布置平远型山水盆景，并托以卷几，则能产生平静、安宁之思；若于笨拙的矮墩之上配置较笨重的老桩，亦会有参天覆地之势。

3. 室内陈设

盆景的家庭陈设和室内布置，应根据厅房的大小和家具陈设的情况，适当采用几架、博古架、茶几、书架书桌、窗台等进行陈设布置，这样，虽在斗室之中，亦能领略到大自然的风采神貌。如果是卧室或书房，要力求精小淡雅，以体现主人的性格爱好。传统的古典园林中的厅堂，多数保存着传统的、整齐严谨的格局，如整套的红木、楠木家具，传统形式的匾额对联和古玩书画，从而构成了古色古香的室内装饰环境。所以盆景的陈设亦以对称和整齐的布置为主，以求得与环境气氛的协调配合。至于现代建筑中的盆景陈设，大多在继承古典风格的基础上，结合现代建筑设计和室内装饰的理念，因地制宜，不

拘一格，讲究效果，灵活应用。

二、盆景作品欣赏

盆景作品的欣赏主要从盆景的自然造型和优美的景致、景色方面着手，通过欣赏者的内在情感，从盆景所蕴含的意境或题名中产生联想或移情，从而得到一种美的感觉和享受，如苏派盆景中的“秦汉意韵”桧柏盆景，使人联想到秦松汉柏的气势和遗韵。因此，盆景作品的欣赏重在以形写神，以形传神，做到形神兼备。有的虽为咫尺山林却有万里之势，有的看似盈握树石却具藏天覆地之意，景有尽而意无穷。盆景作品有了情与景的交融，自然也就有了生命力，正所谓“一切景语，皆情语也”。同时盆景艺术是技与艺的完美结合，它需要通过剪扎、雕琢、养护等技术以保持其艺术感染力。

思考与练习

1. 盆景的日常养护管理有哪些主要内容?
2. 盆景浇水需要注意哪些因素?
3. 怎样判断树木盆景缺肥?
4. 常规的养护修剪主要包括哪些内容?
5. 你是怎样欣赏盆景的?
6. 室内盆景的陈设应注意哪些事项?
7. 你所居地盆景园的盆景布置有哪些特色?

第四章　树木盆景的制作与赏析

学习目标

- ◆ 掌握树木盆景的造型原则及盆景制作的基本技艺
- ◆ 能用金属丝或棕丝对桩景的枝片进行造型
- ◆ 掌握树木盆景的补枝换冠及树干造型技能

第一节　树木盆景的选材

我国的植物资源丰富，可作盆景的植物极多，选择制作盆景植物的依据是树木本身各器官产生的自然美和树木自身的生理特性。

一、根的选材

树根能弯曲，或盘根错节，或“鸡爪”露根，或怪根古拙。树木盆景中根的造型，有的提根露爪呈虎踞龙盘之势，有的根部相连呈连根之状，有的扎根石隙之间呈附石而生之状，均给人以苍老古朴之感（图4—1）。

图4—1　以根见长的树木盆景

二、树干的选材

树干要有韧性，易于蟠扎或呈古怪奇特之姿。树木的主干造型是整个树木盆景的骨架，是决定自然之势和神韵的重要艺术手法，可形成直干刚劲挺拔、曲干蟠曲多姿、斜干飘逸之势，悬崖危而不惧，各具特色（图4—2）。干皮有的布满鳞片，如松类；有的光滑多节，如竹类；有的细腻光亮，如紫薇；有的枯干萌生新枝绿叶，如劈梅、雀梅，给人以“枯木逢春”之感。

图4—2　以干见长的树木盆景

三、叶的选材

叶以细小为好，叶常绿或斑彩者更佳。叶形随树种不同各有差异，有针叶状的松类、鳞叶状的柏类、扇形叶的银杏、掌状叶的槭类、瓜子状的黄杨，还有叶形奇特的构骨等。叶的色彩更是丰富多样，如终年紫红的红枫，秋季转红的枫香、卫矛，四季常绿的松类、竹类，绿叶玉边的六月雪等，均以叶形、叶色见长（图4—3）。

图4—3　以叶取胜的树木盆景

四、花果的选材

花果要艳丽或淡雅，有芬芳、奇观的更佳。在观花盆景中，有冰洁素雅的梅花、红艳似火的石榴、万紫千红的杜鹃花、洁白芳香的栀子花等，都是盆景中色彩个性明显的一类，令人赏心悦目。观果盆景则以果形、果色引人入胜，如古雅多姿的瓶兰花、清雅秀丽的南天竹、红果累累的火棘、金灿灿的金橘等。每当深秋来临之时，花木凋零之际，更能体会到丰收季节的到来（图4—4）。

盆景植物的选择还应考虑萌发力强，耐修剪、易成活、寿命长，或耐阴、或耐阳等特性，如生机勃勃的榆树、三角枫等，顽强不屈的枸杞、六月雪等，千古遗韵的银杏、松柏类等，乡土气息浓郁的九里香、福建茶等。

树木盆景的艺术是各部分形态和色彩的有机结合，形成了树景的整体美。当然，在实际中要找到十全十美的材料是不太容易的，一般只要符合上述原则中的几条就可以入选。

图4—4　以花果见长的树木盆景

第二节　树木盆景胚桩的选育与取舍

一、胚桩选育

树木盆景胚桩选育是树桩素材的来源，主要有野桩挖取和繁育桩苗两种。还可通过嫁接方法中的根接、靠接等技法，对盆景胚桩进行改良，使树木盆景能够快速成型。

1. 野桩挖取

野外挖掘树桩的优点是成型迅速，成本低，能得到苍老古朴、姿态优美的树桩，是人工繁育树木盆景胚桩材料无法比拟的，且省时省力。但这种方式容易破坏植被，影响水土保持。因此，野外采集树桩要有计划、有节制地进行，严禁乱挖滥掘，不宜大力提倡。

（1）挖前准备。先派人进行调查，探明树桩的分布、树种数量、生态条件等。选择树桩条件应该遵循：一是选择抗逆性强的树种，能适应盆栽环境，要耐剪、耐绑扎、耐移栽，耐瘠薄、耐干旱、耐水湿；二是选择树干奇特古老、千奇百态的树种，要不拘一格，树胚丰富多彩是盆景艺术造型的先决条件；三是选择枝叶细密、花艳果美的树种；四是选择病虫害少的树种。对于那些不符合制作桩景条件的树桩绝对不能挖掘，以免更多地破坏生态环境。

（2）挖掘时间。应在有利于树桩移植成活的时期进行挖掘。一个挖掘时机是在树木进入休眠期但未进入冬眠状态，以及土地未冻之前（秋末冬初）。这时，可挖掘一些落叶树及松柏类的树桩。另一个挖掘时机是在早春土壤开冻之后，树木未萌发之前。一

些不耐寒的树种以及常绿阔叶树种，必须在三月中旬至四月上旬挖掘，以免受冻害。

（3）挖掘方法。一般来说，挖掘时要尽量保护根系，一是为了提高成活率，二是根对整体造型往往有决定意义。

挖前先锯掉地上部分无用的枝，主干保留高度应比设想的高度高出一个节位，枝的修剪，通常保留到二级侧枝，剪除三级以上的侧枝；并尽量缩短侧枝，仅留基部一段，以避免折损，影响造型，影响成活。同时清理周围，以便操作。挖时先在一侧深挖，看根须颈部有好的桩形就继续挖掘，否则停止挖掘。然后摇动桩头，看下面是否有主根，如有主根，必须先行截断，再断侧根。要多留须根，粗根截口要小而平。挖出的桩头要放在背风处假植，除榆树外都应适当浇水。榆树洒水后流树液会影响成活。对松柏类或常绿野桩，必须带土挖掘。挖掘大的树桩，为了保证成活，常采用分步挖掘最后切根：第一年将野桩根部挖掘一半，填换新土；第二年再挖掘另一半，填换新土；第三年就可带泥球起出包扎。

（4）养护管理。树桩挖好后，最好当天运、当天修、当天种。如需长途运往他地而当天不能种植的，可在不带泥球的树桩根部涂上泥浆，有的根部还要用湿的水苔包扎好。栽植前，要根据树形和盆形，决定其根部的长短和去留，并进行第二次修剪。下地或上泥盆栽植时，要使泥与根部贴紧，不能有空隙。栽植时，要注意树桩的形态与今后造型的需要，有的倾斜，有的卧倒，有的采取悬崖式。栽后第一次浇水要浇透，并在树桩上覆盖稻草，以减少蒸发。树干高的要在树干上包以稻草，到四月中旬以后，早晚要各喷水一次，以使稻草保持湿润，但泥土不能过湿。耐寒性差的树桩，如在冬季挖来上盆，则必须放在温室或塑料大棚内过冬。从4月下旬开始，树桩将陆续发芽。此时不能认为新桩已成活而放松管理，实际上，此时新桩并非“真活”，因为新桩先发芽后生根，如果放松管理便会造成“回芽”死亡。这时应逐步揭去盖草，否则幼芽会细长发黄。揭去盖草后，要移入荫棚，以防止幼芽被晒伤和减少叶面水分蒸发。过一个月后，要逐步减少遮阴时间；过伏天后，根部已发育良好，便不必遮阴。芽长到5 cm时，要剥去不需要的芽，并勤施薄肥，土壤施肥浓度以0.5%为宜，叶面浓度应在0.2%～0.3%，使发枝粗壮。如榆树、雀梅等大树桩，于9月份即可摘叶整形，并再施薄肥，促使萌发新的枝叶，待发出新叶后，就可逐步修剪成形，待须根生长良好后，到翌年3月份移植于所配的盆内。

2. 人工繁育桩苗

人工育苗用于制作桩景是应大力提倡的，因为这样做可以减少或杜绝上山挖掘野桩，起到保护野生资源和维护生态平衡的作用。另外，人工育苗还可以做到有计划的生产和大批量生产，它比挖掘野桩有更广阔的前景。用播种苗做规则式造型是常用的方法。

桩苗人工培育有两种方法：一是有性繁殖，二是营养繁殖。即播种、扦插、分株、压条和嫁接育苗等。

（1）播种育苗。播种育苗过程包括种子生产、播种和幼苗抚育等工序。

1）种子成熟。种子成熟包括生理成熟和形态成熟两个阶段。生理成熟的种子不易保存，我们所采用的种子应是外部形态完全呈现成熟特征的。大多数盆景树木尤其是落叶树种子在秋季成熟，如银杏、白皮松、紫薇、元宝枫等，但也有在春夏成熟的，如榆树等。

2）种子采收。采收方法，一般较矮树种可直接用手采摘；稍高树种可在地上铺一块塑料布，用木棒、竹竿击落，或使用采种钩、采种镰、高枝剪等工具。

3）种子调制。调制包括脱粒、净种、分级和干燥几道工序。肉果类采用浸泡揉搓办法脱粒，球果类采用暴晒3～10天，再用木棒击打脱粒的办法。净种即除去种子中的杂物，可用风选、筛选、水选等方法。种子干燥方法有两种：一是阳干法，二是阴干法。含水量低的用阳干法，含水量高的用阴干法。

4）种子储运。秋天采下的种子常储存到翌春播种，中间有储存运输的问题。储存方法有干藏法和湿藏法两种。干藏法又分为普通干藏、低温干藏和密闭干藏。多数针叶树和阔叶树种子可以采用普通干藏法，温度控制在0～5℃，空气相对湿度50%～60%。对于容易失去发芽力的种子，如榆树种子，宜放入容器，加点干燥剂，封盖密存。湿藏法即把种子储藏在一定湿度和低温的地方。凡含水量较高的种子皆宜采取湿藏法。至于种子运输，途中应注意防雨、防霉、防暴晒，并合理包装。

5）种子检验。为了减少苗木生产的盲目性，合理使用种子和保证苗木数量、质量，必须进行种子检验。检验的具体指标有种子发芽势、发芽率、含水量、生活力和优良度等。

6）种子消毒。为了防止病虫害和提高苗木质量，播前应进行种子消毒处理。方法一是用硫酸铜或高锰酸钾（0.5%）溶液浸种；二是用0.15%的福尔马林浸种；三是用赛力散、西力生拌种，或用石灰水浸种。

7）催芽。播前用40℃左右的温水浸种24 h，通过浸泡，起到催芽作用。

8）播种。播种分春播、秋播和随采随播三种。播种方法有点播、撒播、条播、盆播，根据种子大小决定覆土厚度。

9）播后管理。播后应精心管理，保持土壤潮湿和疏松，以利种子发芽出土，采取的措施有覆盖、喷雾等。幼苗出土后的管理有遮阴、浇水、施肥、间苗、补苗、防冻、中耕除草以及病虫害防治等工作。

（2）扦插育苗。扦插的方法有枝插（成形枝扦插、硬枝插、嫩枝插）、根插。扦插苗的特点是能保持母树的优良性状，繁殖系数大，成活迅速，简便易行。这里主要介绍在盆景上行之有效的扦插法，就是成形枝扦插法（又称老枝扦插）。

具体的扦插方法是：选取姿态虬曲、怪异优美的老态成形枝（常绿的要保留少量叶片）作为插穗。插前可采用黄化处理、环割、生根粉等综合处理，以利于加快生根。适合树种有贴梗海棠、银杏、榆、紫薇、榕、苹果等。将它留出顶梢的枝叶后斜埋在沙床里（埋入沙床部分要占插条的3/4以上）。扦插时间自春至秋都可进行。插后4月份起开始遮

阴，一般经2个月（气温高时1个月）即可生根。在全光照条件下，用自动喷雾的办法，将枝条插于蛭石或珍珠岩中，叶面一干即进行喷雾。这样，其成活率更高，生根更快。

（3）嫁接育苗。嫁接育苗既能保留接穗母树的优良性状，又能发扬砧木抗逆性的优点，而且能达到复壮矮化的目的。

嫁接时期：春天宜枝接，夏天宜芽接。

嫁接方法：有根接、枝接、芽接等。最常见的是枝接和芽接，如树桩有形而品种不佳时，可采用多头高接，将桩之形美与穗之态美二者结合起来，如黑松高接大阪松，紫薇品种之间的高接等。

3. 嫁接补枝换冠

根接育苗可采取根接换冠，是树木盆景快速成形法之一。具体方法可在3月份翻盆移植时，将形体好的根放入水里清洗干净，剪除茸根和多余的侧根，根据根的粗细采取劈接或切接方法换冠。采取同一树种1～2年生枝条作接穗，保留2～3芽，嫁接成活后，松除绑扎物并逐渐将根露出，便得到一盆新的桩景（图4—5）。

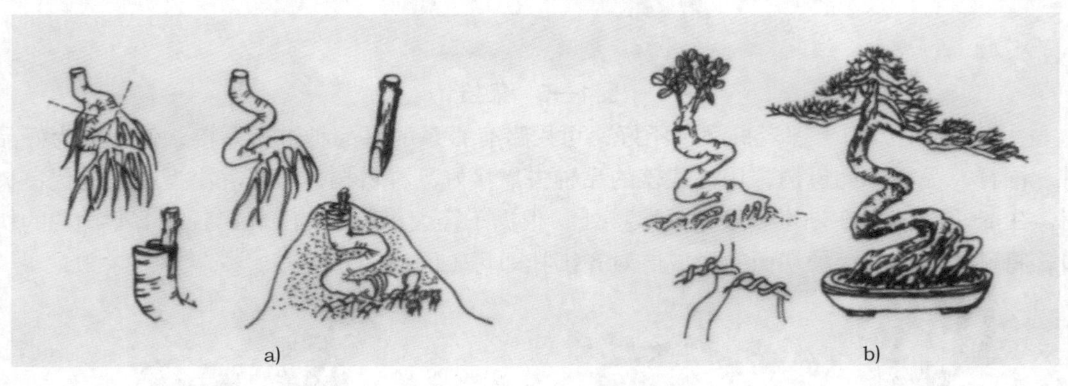

a)根接　　b)培育造型

图4—5　根接换冠

对于根部不宜提根的桩头或苗木，采用根接可以提根，以造成盘根错节的老态桩头。

嫁接后的管理有去掉绑扎绳、剪砧去芽、调整树势、检查成活率等。

嫁接在树桩造型上还可起到枝干补缺、改换品种、加速成形等作用。对于枯干、死枝，通过嫁接可以做到枝干补缺；进行高枝嫁接可以起到更换品种，改换花色、花形等，使之成为较理想的品种；采用根接可改变根的形态，使之更美；通过嫁接还可加速成形，如用黑松嫁接五针松能缩短造型周期。

树木盆景造型还可利用靠接技术繁殖珍奇盆景树种，也可对不良盆景树种进行换冠，对缺枝少根的盆景也可以补枝、补干、补根。枝、干、根不同部位的靠接应采取不同的方法。

靠接的时间应在树木生长旺盛期进行，梅雨季节及阴雨天不宜进行。靠接同样需要将砧木和接穗的形成层对准吻合，绑扎紧，使砧木与接穗合二为一，成活后剪除砧木枝叶，使接穗生长替代原来的树冠（图4—6）。

图4—6　靠接

（1）补干。如一棵老桩品种不好，可用带有根系的好品种进行靠接，使之成为好品种。同样，品种好的母树，用盆栽差的品种去靠接好品种母树，可培养小型盆景的优良树材。生长季节分别在砧木和接穗的嫁接处，根据干径大小削2～4 cm、深为1/4～1/2的切口，将砧木切面与接穗切面的形成层对齐绑扎即可（图4—7）。

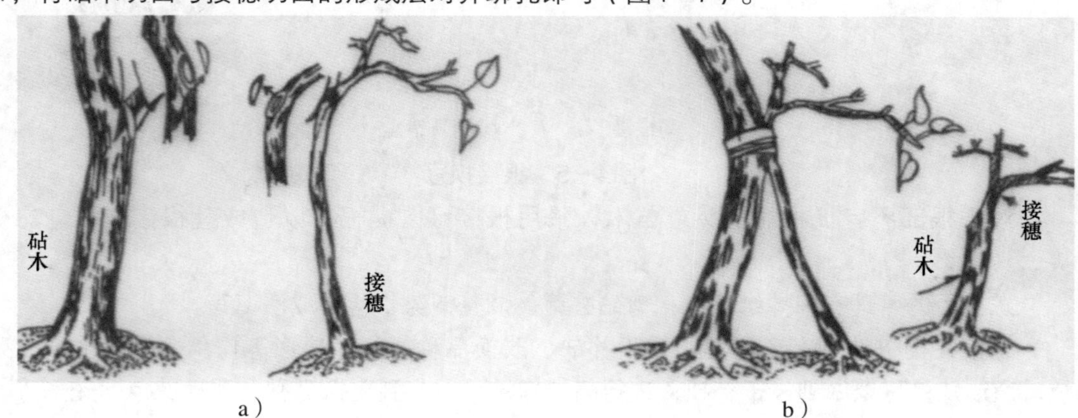

a）　　b）

图4—7　靠接补干

a)削切口　b)绑扎和成形

（2）补枝。当一棵盆景的干部缺枝，可利用本树或同属树种，采用靠接法补枝。具体方法在缺枝部位横向切割深达木质部，其切口的长、深度以和靠接枝切割面能充分吻合

为宜。再将选用的枝削成“丁”字形，靠接枝与砧木的“丁”字形切口对准形成层，用塑料带绑紧即可（图4—8）。

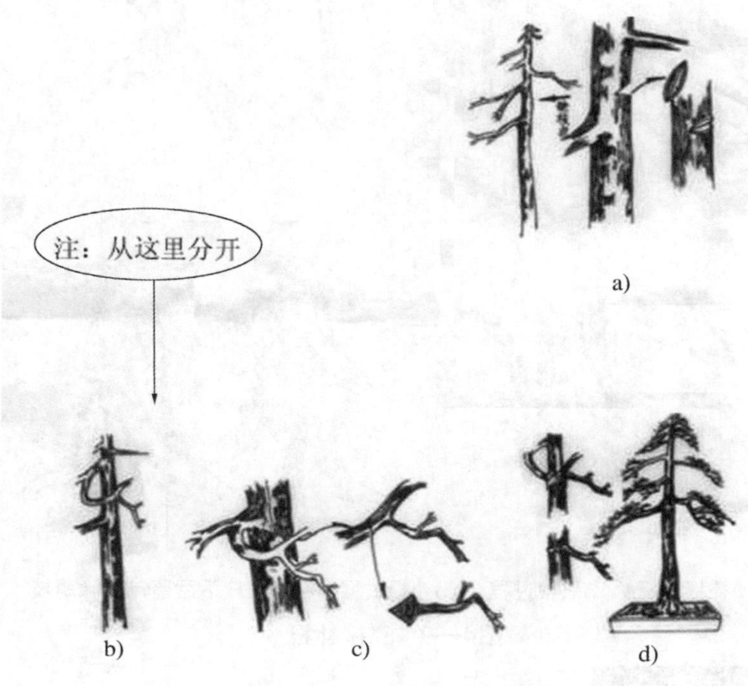

a)缺枝部位　b)补枝选择　c)取枝过程　d)补枝成形

图4—8　靠接补枝

（3）补根。在山野挖掘造型优美的树桩，往往因缺根显得美中不足。缺根部诱发不了新根，可采用靠接法补根（图4—9）。在树木生长季里，选择同种树苗，其根的粗细、大小、方向要基本符合砧木缺根的需求，将其掘起，除保留主根外，其余侧根全部剪除，并剪除部分枝叶。在靠接面尽量保留芽点，待接口愈合后，剪除靠接面上端时，留养该芽点为枝条，促其接口愈合。具体方法与补枝法相似，如山野采掘的三角枫，造型好，但根盘因缺根不够完美。先将该桩栽植，成活后第二年，夏季在缺根部开一深达木质部的槽。选择一棵根的大小与砧木所需补根相近的三角枫，掘起后将靠接面削成与砧木根部沟槽相吻合的形状，然后将两者形成层对准，如根部起伏不平，可在靠接部加垫有一定塑性的物体再进行缚扎，待接面愈合后，剪除靠接的上端枝条，或用铁钉将接穗固定在砧木的补根处。

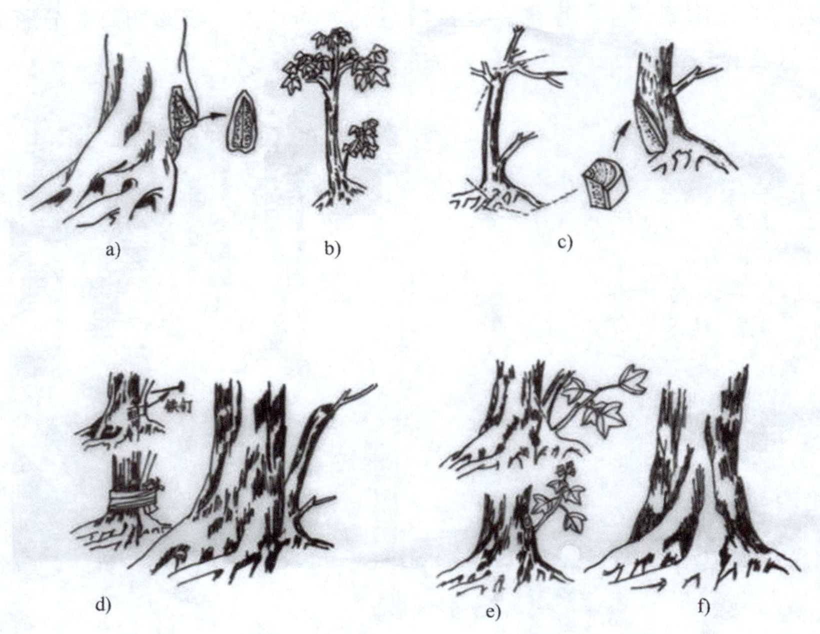

a)缺根部位　b)补根选择　c)取根过程　d)补根过程　e)补根成活后逐年剪除萌枝　f)补根成形

图4—9　靠接补根

二、胚桩取舍

要培养成一棵造型优美的胚桩，就要对胚桩进行取舍，而取舍所采用的方法通常是修剪。修剪从造型来讲是为了改变枝干的弯曲形式和占有的空间位置，从而达到树木造型的目的。对于养护管理，修剪是为了保持和维护已成型的树木景观。

1. 修剪时间

杂木类盆景一年四季均可修剪，松柏类宜在休眠期修剪。梅雨季节应少剪或不剪重。重剪、强剪的最佳时间为1～2月。但一些不耐寒树种不宜在冬季修剪。

2. 修剪目的

修剪的目的是为了除去多余部分，保留其精华，使树形美观。修剪的多少要根据不同树种的生态习性和生长规律而定。如松柏类年限长，宜少剪，同时要保留剪口下的叶芽。一般来讲，树木长势好的可多剪，生长瘦弱的则少剪。从树木造型需要，通常要剪去杂乱的忌枝。

3. 修剪方法

剪口的端面应与枝干相切为45°角，叶芽留在斜口上侧方向，在生长期，可贴近叶芽修剪，利于伤口愈合。具体方法按造型顺序可分为：

（1）定位剪。定位剪指盆景造型第一次修剪，确定保留不同位置的枝条，剪去多余

的枝条。野桩栽培成活后会萌发许多枝条，必须剪去大部分枝条，保留造型所需的骨干枝。因此在修剪前要认真构思，做到“意在笔先”方可下剪，因为枝条的取舍决定了树景形式的确立。保留的枝条应生长健壮，上下粗细协调，做到疏密有致，围绕主干上下左右展开（图4—10）。

图4—10　定位剪前后对比

（2）缩剪。缩剪是一种缩短枝条的修剪方法，也是树木造型和维护树景的重要措施。通过缩剪使树木矮化，枝条丰满，自下向上粗细有度，弯曲有变。修剪时根据造型要注意三个方面：一是被剪枝干与上节枝干的粗细过渡的比例适合；二是缩剪时留好芽眼的方向和角度，以调整新发枝条合理地占有空间位置；三是缩剪枝条宜短忌长，第一节枝长于第二节，第二节枝长于第三节。缩剪过程如图4—11所示。

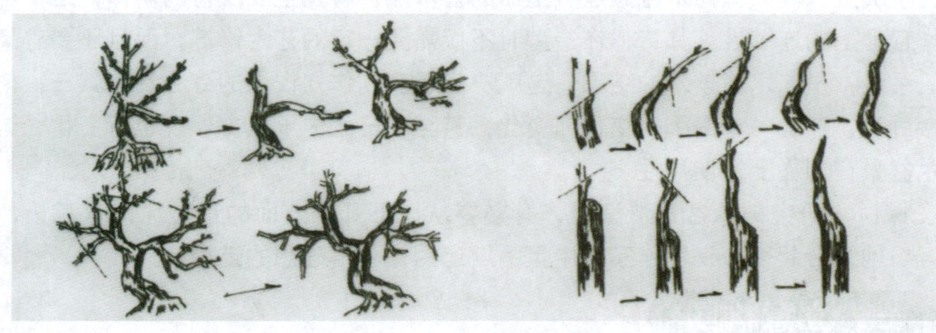

图4—11　缩剪过程

（3）疏剪。疏剪能维持树木景观，并增加通风、采光能力，降低病虫害的发生，有利养分集中，促使枝叶茂盛、花繁果硕。在一般情况下，树木上端疏剪量可大些，下端疏剪量可小些，因为下端枝条的生长较为困难。疏剪的对象为各种忌枝，以及过密的枝冠，在上下枝冠同等重要的情况下，应尽量留下剪上，使上端枝冠的体量小于下端枝冠的体量（图4—12）。

图4—12　疏剪与短剪

第三节　树木盆景的造型原则

树木盆景与诗、画、园林艺术一样，都源于自然、源于生活，又高于自然、高于生活。树木盆景常取材于诗画园林，而诗画园林又赋予其诗的情趣、画的境界，它们之间相互渗透，相互借鉴。因此，树木盆景常被誉为“立体的画、无声的诗、凝固的音乐”。在研究其造型时，就离不开这些原理与手法。

但树木盆景造型又不等同于诗、画、园林，它受制于许多客观条件，由盆景的艺术性特征所决定。其一，树木盆景是有生命的艺术品，有其生长发育的规律，这就决定了盆景制作管理上的连续性。其二，在造型时不仅需要一定的艺术修养，而且还要有高超的艺术加工手段，是艺术与技术的结晶，这就决定了在创作知识上的综合性。其三，树木盆景的生命过程，随着一年四季的变化而变化，甚至一日之内早、中、晚也有变化，这就决定了树木盆景在创作上的变化性。

在探讨、研究树木盆景造型时，有必要从以下几个方面的造型原则来考量，以便将它们有机地结合起来，在创作实践中灵活地运用，获得理想的造型。

一、立意构图

立意构图是树木盆景创作的第一阶段。所谓立意，即盆景的主题。它包含两层含义：第一层含义是作者在创作之前的意向，对作品的内容有一个具体的艺术形象和一个清晰的认识及构思，不能盲目操作；第二层含义是使作品具有神韵，它不仅要求作品成为大自然的缩影，即形似，更要求作品具有自身特定的神韵。作品成功与否，立意是关键所在。树木盆景的立意一般有两种情况：一种是“因意选材”，即作者的情感受到外界的激发，或受到某种事物的启发而产生了创作动机；另一种是“因材立意”，即作者得到一棵

树木素材时，经过反复推敲，把树木的原形构思成理想的造型，立意也由此而产生。

构图即造型，是作者依据树木生理的自然规律和树桩的特定形态，结合作者的审美观进行创作，以达到形似的目的。常见的树木造型有悬崖式、临水式、双干式、斜干式等，应该说树木的形态是千变万化的。在构图时要注意两个方面：首先，在构图之前，需意在笔先，就是以作者意想表达的主题构思造型的图画。其次，树木的原形与所想的造型结合适当与否，是构图的一个重要因素。

立意与构图的关系是：立意着重处理作品的“神”，即内容；构图则着重处理作品的“形”，即形式。二者是辩证统一的，既有区别又紧密相联。因而在立意构图时要处理好二者的关系（内容决定形式），才能培育出立意新、构图美、独具魅力的树木盆景作品。

二、扬长避短

在树木盆景创作过程中应注意利用盆景材料的长处，避其短处。一般来讲，当拿到所要制作的树木素材时，有经验的盆景创作者一般不会急于动手，而是先找出该材料的长处并进行构思，勾勒出一个最佳的造型图案，然后再动手锯截、修剪、蟠扎。既充分利用原材料的自然美造型，同时把有碍景观的部分去掉；如不能去掉的话，也应把最佳的部位作为观赏面，而把有缺陷的部位放在背面。

树木都是由根、干、枝、叶、花组成的，在造型时要根据各类树木的特点，做到因材制宜、扬长避短。从野外挖取的树桩一般只有根、干、枝三部分，在造型时，可认真观察其各部分，哪一部分最突出就突出哪一部分。如根部奇特优美，就可以围绕根部做文章，培育悬根露爪、别有情趣的提根式造型，在这里“根”成了考虑的首选部位，其余部位则退到次要地位。又如地柏干长软韧，匍地而生，适宜制作成悬崖式桩景；榆树、朴树大多直立而生，适宜制作直干式盆景；柽柳叶细枝柔，最适合制作垂枝式盆景。在这三种桩景中，枝、干、叶成了观赏的主要部位，根则退到了次要部位。因此，对盆景材料进行深思熟虑的构思、剪裁、造型，才能够做到扬长避短。

三、统一协调

一盆称得上佳作的树木盆景，其各部分（景、盆、架）必须浑然一体、统一协调，否则就不是一件好的作品。树木盆景虽有不同的欣赏部位，有观干、观枝、观叶、观花、观根、观果等区别，但作为一棵树木来讲，它本身的干、枝、叶、花、果、根各部分就应是相互协调统一的，否则就会失去美感。

树根的长短同树木造型是相关联的。如树根细长欲作悬崖式盆景，则主根应留长些，因其配盆多用千筒盆，其枝叶大部分都伸出盆外，根短就难以承受这样大的下垂力。如欲作丛林式盆景，主根则要留得短一些，并应多留侧根和须根，因丛林式盆景多配以浅盆。

树木盆景的枝干粗细比例须相协调方显自然美观。如主干下细上粗，枝条与主干粗细不成比例，枝片上大下小，这样的桩景往往因枝干不协调而失去美感。在制作合栽盆时，一般情况下都是采用同科同属树种，也有不同树种拼在一起的实例，只要处理得协调统一，同样能获得成功。

在树木盆景中，除干、枝、叶、根等应相互协调统一外，其配盆的大小、颜色的深浅、几架的大小高低及色泽都应相互协调统一起来。失去了统一协调，即使本来造型优美的树木，也会大大降低其欣赏价值。

四、繁中求简

清代画家蒋和在其所著的《学画杂论》中写道："布置落笔，必须有剪裁，得远近回环映带之致。看画亦须得剪裁法，平画求长是也。"这位画家提出了取景和剪裁关系的问题。在制作树木盆景时，同样要解决这一问题，其要点有二：一是最佳欣赏面的选择，为了突出主题，在选择时必须要有取舍，以便挑选最能表达主题的角度，也就称之为选景。二是构图的剪裁，一盆原始的树木盆景看起来显得烦琐、杂乱无章，这就要求制作时进行全面的剪裁，从树的取势、枝条的布置、整个外形的形象三个方面结合起来剪裁。因此，在树木盆景中十分强调剪裁技艺的运用，在复杂中求简单，在平淡中求变化，这样制作出来的盆景才能达到令人满意的效果。

在树木盆景定形修剪时，有的把枝干的大部分都剪除，仅留一段主干和3～5根枝条，这就是繁中求简原则在树木盆景造型中的具体运用（图4-13）。繁中求简所说的"简"，并不是目的，是一种手段，是以少胜多，以简胜繁。删繁就简也不是越简越好，更不能片面地追求简单化，而是要达到求精求美的艺术效果。

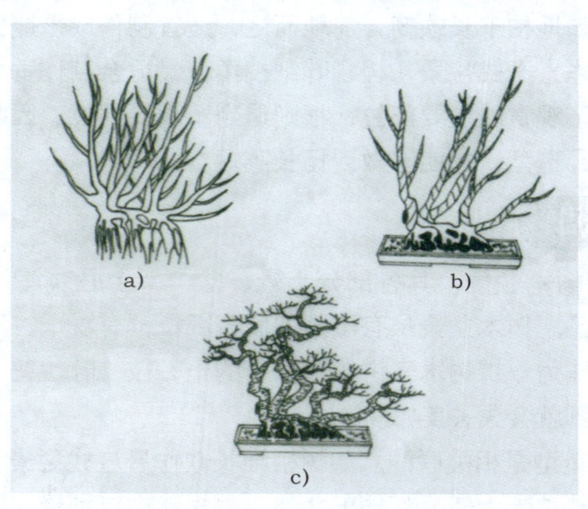

a）原桩　b）剪后上盆　c）成品

图4—13　定形修剪的作用

五、以小见大

小中见大是树木盆景特色鲜明的艺术手法之一。要在小小盆盎中表现参天古树，需要凭借这一特殊的艺术手法。世上任何事物都不是孤立存在的，彼此之间都相互联系。大与小只是相对的，没有小也无所谓大，反之亦然。以小见大，小是手段，不是目的；小是形式，大是内容，通过小的客体表现主体的高大。不仅树木盆景如此，山水盆景、树石盆景、绘画、建筑等艺术，也常采用以小见大的艺术手法进行创作。

小中见大的具体表现手法：一是利用透视学中的近大远小的原理。如一盆丛林式盆景，在近处布置高大挺拔的大树，在远处布置小而低矮的小树，远远望去，恰似一幅森林景观，这就是近大远小在树木盆景中的具体运用。二是利用对比烘托。在树木盆景中经常可以见到一高一矮、一大一小、一直一欹的造型。通常把高、大、直的树木作为主体，矮、小、欹的树木作为客体，两者不但在体态上有差别，且在神似、造型等方面也变化多样，欹的目的是以仆衬主。为了突出主体，要做到客随主体，不能喧宾夺主（图4-14）。另外，为表现树木苍劲古老，往往选用粗大的材料，通过剪裁，改变干、枝、叶间比例，造成干粗枝矮叶小的老树体态。

图4—14　树木盆景中的主体与客体

以小见大的表现手法很多，但只要手法得当、布局合理，就能创作出气势磅礴、意境深远的盆景作品。

六、宾主分明

所谓宾主，就是在树木盆景中的一部分为主体，另一部分为客体，以求主景突出、主次分明。如在双干式、多干式、丛林式盆景造型中，常以一棵树（或一枝干）为主体，

其体景、形态造型要高于客树，这样以小衬大来体现宾主分明的构图原则。另外，在树木盆景的配石上也往往选用小于主体的石块来衬托出树木的高大雄伟。

七、疏密得当

画论中有“画留三分密，生气随之发”的论述，树木盆景造型也讲究有疏有密，疏密得当。过密而不疏，把盆景塞得满满的，没有透气感；反之，过疏而不密，则显得松散无力，景物之间失去联系。

在树木盆景造型时，枝干的去留、枝片之间的布局要有疏有密，切勿等距离布局，否则显得呆板无生机。在丛林式盆景造型布局时，尤能看出疏密之间的关系。一般说主体间的树木周围要适当密一些，客体间的树木周围要显得疏一些，整体树木之间的组合也应有疏有密。疏与密是相对的又是统一的，没有密就显不出疏，没有疏也谈不上密。在处理疏密关系时，常说的“疏可走马，密不容针”，道出了密有赖于疏的烘托，疏有赖于密的陪衬。因此，树木盆景整体造型布局时，要做到“有疏有密，疏密得当”；在布局造型时又要做到“密中有疏，疏中有密”，也只有这样，创作的树木盆景才能意境突出、耐人寻味。

八、虚实相宜

一盆好的树木盆景离不开虚实相宜、疏密有致。虚实和疏密两者之间是密不可分的，过密相对而言就是过实，反之则过虚。具体表现在实景和空白的处理上，过实会产生臃肿压抑感，过虚则显得空而无物。正确把握虚实关系，就是要认识到实是景，虚也是景，不能一味地追求实，虚往往能使观赏者产生许多遐想。

在树木盆景造型中，处理好枝条与叶片之间的虚实关系至关重要。如去掉过密的枝条，不但有利于树木生长，也有利于美观，枝片与枝片之间错落有致，不但层次鲜明，还有利于枝片之间的通风透光，使枝片生长良好。另外，在树木盆景整体造型时，枝片也不能平均布局，也应做到虚实相生。

九、静中有动

树木盆景本是静中之物，但如能匠心独具、造型得法，便能化静为动，无声胜有声。树木盆景造型形式多样，各有欣赏之处。无论是曲干、斜干、直干，无论是枯枝、枯梢，都须形态自然，做到既在“情理之中”，又在“意料之外”。这在风吹式、悬崖式、斜干式盆景造型中尤为突出，常称之为“动势盆景”。而这种动感是在树木自然生长规律的基础上发展起来的，不是凭空想象的，且比天然生长的树木形态更富有变化，更自然入画。

按照中国人欣赏盆景的习惯，喜欢静中求动。即使在处理直干式盆景造型时，树干也略弯曲，枝片有长有短，整个树冠往往呈不等边三角形，以避免造型呆板，其他造型形

式的处理更是如此。欲使树木盆景具有动感，除树干、枝条、树冠有变化之外，树木的栽植位置也能造成动态。树木除栽在圆盆外，其他盆的栽植往往偏侧一方，使树木盆景显得生动活泼而具有动态。偏向一侧，不是越偏越好，过偏会失去重心。正确的栽种位置，一般单棵树木应栽种在盆的左侧或右侧的1/3处为好。

第四节 树木盆景的制作技法

树木盆景造型技法是树木造景所必不可少的手段。我们可通过各种造型技法来完成理想的树木盆景造型。在这里将主要介绍主干造型技法、枝片造型技法、根部造型技法、整体造型与选盆。

一、主干造型技法

主干造型可以通过传统的蟠扎（棕丝和金属丝）、修剪和主干的人工快速造型处理及栽植时主干的倾斜等方法进行造型。在这里我们只介绍主干的快速造型法。

1. 树干雕饰

通过人工措施使树干呈老态，方法很多，如雕刻树干、锤击树干、撬树皮、撒树皮、朽蚀法等都是有效的。

（1）雕刻树干。在树木盆景制作中，往往需要借助雕刻来表现一种虽死犹生的残缺美，即所谓枯干式，又称舍利干。这种残缺美并不是干身空洞，木质腐朽脱落，病入膏肓，而是经雕刻后的树干造型，其虽由人作，却宛如天成，有很强烈的艺术感染力。日本、中国、中国台湾的盆景艺术家常用松柏类树种做成舍利干、神枝，把大自然中树木枯荣并存的景观，浓缩在伸手可触的盆景中，显示了极高的艺术造诣。

雕刻树种的木质部应具有紧密、坚硬、耐腐朽、不易老化剥落、保存时间长等特点。可雕刻的树种最好是真柏、刺柏、侧柏，其次是黑松、五针松，再就是杂木类的檵木、雀梅、拘骨、三角枫、柞木，以及观果的石榴和观花类的梅桩等。雕刻的树干要有一定的年龄。既可在枯死的干上雕刻，也可在活的干上进行雕刻。雕刻时要把握好观赏面，枯与荣的对比，水路（树木的吸水线）的取舍，形体的刻画，线脉的转折衔接、粗细对比，截面的处理等。

雕刻要领：雕刻前先准备好工具，常用的雕刻工具有画线笔，电钻，不同型号、大小的雕刻刀，榔头，锯，粗细木砂纸，防腐剂等。

先截去多余枝干，然后确定最佳观赏面。一般最佳观赏面应具备下列特征：主干宜左右弯曲，而不是前后弯曲，且变化最为明显，裸露较多，顶冠的重心略向前面倾斜，而不是向后倒。

最佳观赏面确立后，构思雕刻画面。可用铅笔勾画构思草图，处理好枯荣比例。一般情况下，活体大于枯体，如因原材料限制或个性特色的需要，也可以枯为主，枯面要相对集中，主要在冠下、冠内或冠外，其他处略有点缀作呼应。操作时要胆大心细，避免雕刻失误。

构思好即可雕刻。雕刻时要处理好以下三个方面的关系：其一，舍利干与水线的关系处理。柏树舍利干的制作首先要考虑吸水线的位置、宽度及走向问题。吸水线是生命线，它是一棵树生长供养的通道，处理是否合理是一件作品能否成功的关键。一般来说水线的位置要在正面能看见，不能完全位于树干的背面。水线的宽窄因视具体的树形而定，树大则水线宽，树小则相应窄些。在制作切割水线时，一般先要留得宽一些，水线生长隆起后再行边沿的修饰。切割后的水线边沿最好用愈合剂涂擦，以防皮层水分散失，并可促进愈合，春季还可以防止天牛的危害。水线切割的时机应在气温20～25℃的春秋季节为好。其二，舍利干不同部位的线条变化。舍利干是木质化的结果，所显示的是木质纹理的变化，深与浅，粗与细，凹凸的对比，线条的屈曲转折，走势的流畅。制作时要抓住直线条变化的特点，具有扭曲特点的木质纹理，树干与树枝交结处的纹理交代。其三，不同情况的断面处理。舍利干制作遇到断面多、难度大，初学雕刻者往往技不熟练，造型时心中无数，一般会将断面处理成凹陷的圆形洞穴，或隆起的平滑圆头或炮弹头状。平滑圆润则匠气无味，实不可取。常见的主干断面制作是，断面在主干的顶端制作时根据木质纤维的走势特点，以破平立异为原则，制造长与短、收与放、虚与实的参差效果。如是扭曲的树干一定要营造出旋转的动势。如断面有断枝杈或结节之类，造型时可借形、借势，创造出富有变化的舍利形象（图4—15）。总之要根据具体的条件来决定造型。

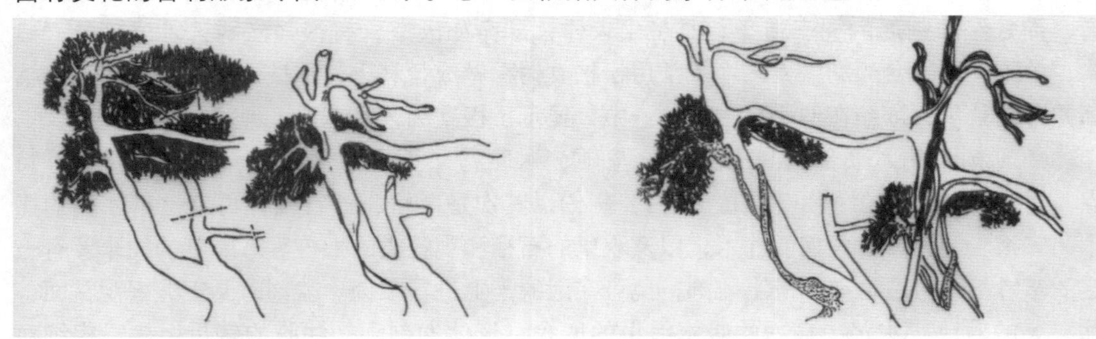

图4—15　将枝干扭曲成舍利干

制作顺序：

首先根据构思的草图，用色笔将需雕刻的部位描出来。

其次用切割刀将表皮剥掉，将需要雕刻的木质部裸露，其水路部分切线要平整、光滑、流畅，利于水线的愈合隆起和美观。

然后再用雕刻工具在木质部上把大的块面刻画出来，用笔勾画主要沟槽流动的方向，再进行规划。大的形体确立后，再进行局部的精雕细刻，消除粗加工遗留的人工痕

迹。雕刻完毕后，用不同型号的砂皮纸沿沟槽上下摩擦。摩擦结束后，还需挤压磨光。如雕刻部位较湿，可晾上数日，等表面干燥后再打磨。一个月以后，雕刻的木质基本干透，再涂刷石硫合剂数次（图4—16）。

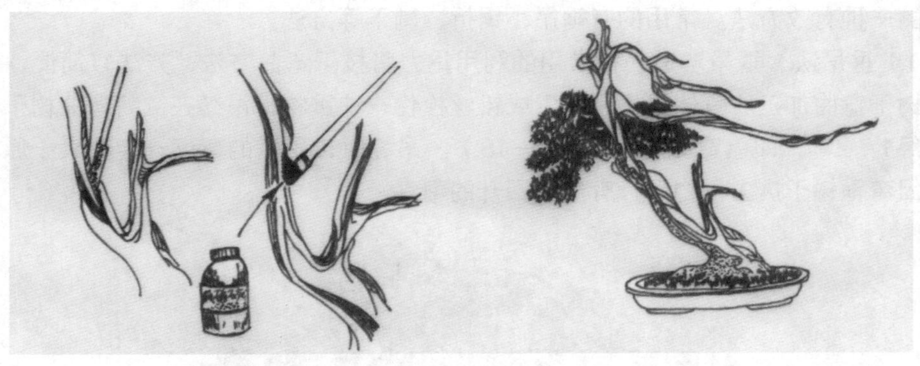

图4—16　树干雕刻与成型

（2）劈干。对一些形体臃肿的黄杨、梅、三角枫等，可根据需要进行对劈、斜劈造型。如一株瓜子黄杨较粗壮，有上下过渡或锯口较大，会显得笨拙呆板，可用锯刀将其一分为二做成两株（图4—17），也可用斜劈方法砍去1/3。像生命力强的刺柏，可先栽，在生长季节用棍劈打枝杈，使其裂开，任其生长，3~5年后效果甚佳。

图4—17　劈干

（3）锤击树干。当树木的某一段粗细过渡不理想，为了使年轻的树木变得疤痕累累、历尽沧桑，可用木棒在需要的位置上间隔锤击，锤击后的伤口容易促使树木细胞增长、膨大，这种方法最好在树木生长旺盛的初夏进行，有益于伤口的愈合。但锤击的方法应慎用，或尽量不用。

（4）撬树皮。在树桩或苗木生长旺季（5~6月份），在树干的一定部位用尖刀插进树干树皮，顺韧皮部轻轻撬动，使树皮与木质部慢慢离开，注意用力不可过猛，撬皮面积也不

要过大。这样经过一个生长季节的愈合生长，树干便长出高低不平的瘤疤。

2. 弯曲

弯曲是将一棵直立树干或直伸主干，通过加工造型进行弯曲，是增加艺术内涵和欣赏效果的一种有效方法。常用的有垂吊、锯折、刺干等方法。

（1）垂吊法。垂吊法是一种常用的利用重力将枝干弯曲方法，方法较简便，一般多用于小树干弯曲加工。具体操作用绳索或铅丝拴住一块重物，吊缚在欲将弯曲树干的某一部位，经1~2年，即能弯曲定型（图4—18）。吊扎时，吊垂的弯度一定要大于原定的弯曲度，因弯垂树干拆去垂物后，有向上回升的习性。

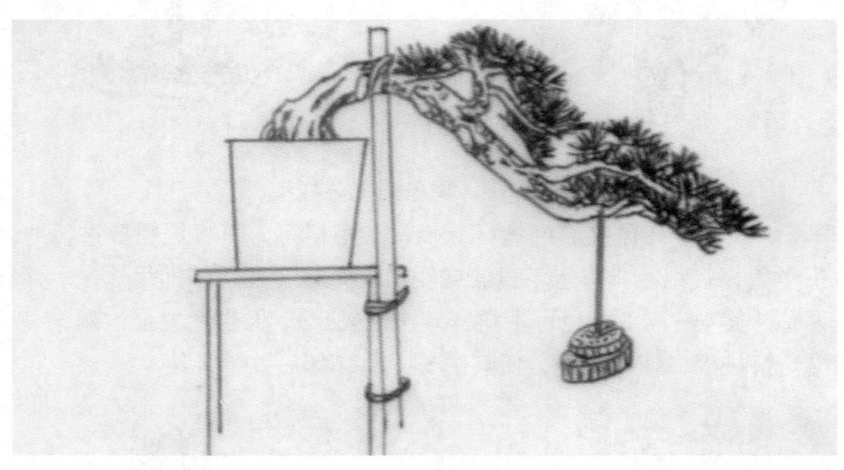

图4—18　垂吊法

（2）锯折法。这种方法常用于较粗的树干，用垂吊法已不能解决，可用此法。一般在春天，树木开始萌芽，树液已进行正常流动。这样，锯折后有利于锯口的愈合。锯折的方式一般有单锯口弯折和多锯口弯折两种。

1）单锯口弯折。方法是将树干弯折处的外侧，锯一道切口，深达树干直径的2/3，再将树干向内侧弯折，仅以少许木质及皮层连接，用铅丝或棕丝绑扎固定，不使动摇。然后，另行锯削一个性状与锯口相吻合的木楔，紧紧塞在树干弯折外侧“V”形缺口中，外面包以较薄的苔藓或草泥，并保持湿度。2~3年后，断处可愈合定型。

2）多锯口弯折。方法是将树干弯曲处的外侧，锯5~10道切口，深度达树干直径的1/3或1/2处，然后将树干向内侧弯曲，用铅丝或棕绳绑扎固定。这时，锯口也呈张开状，但比单锯口的张开度小得多，可以不加木楔，直接包上潮湿苔藓或草泥即可。

（3）刺干法。一般在冬末春初，树液开始流动前，或芽的萌动即将开始前为适宜。常用方法有槽刺和穿刺。

1）槽刺。制作时在树干弯曲部位凿一条较长的纵向深槽，然后强行弯扎。

2）穿刺。常见的用法。制作时用尖利的刺刀，纵刺穿透树干，并从上至下加以劈裂，使弯曲部位出现一条长缝，然后再弯扎（图4—19）。此外，还可以围着树干，由下向上进行转刺，每转120° 刺一刀，转一周刺三刀，而第四刀的方位刚好与第一刀相同。转刺时，各刀的上下间距，越往上越缩短，各相邻的劈缝，可以上下交错。按照这种刀法刺过的树干，用手将其竖直扭转成扭旋状，然后紧靠树干钉一根木桩，将扭旋桩树干紧扎在木桩上固定好，使其不能自行回复原状。1～2年后，树干的扭旋缝完全愈合，即可拆去木桩。

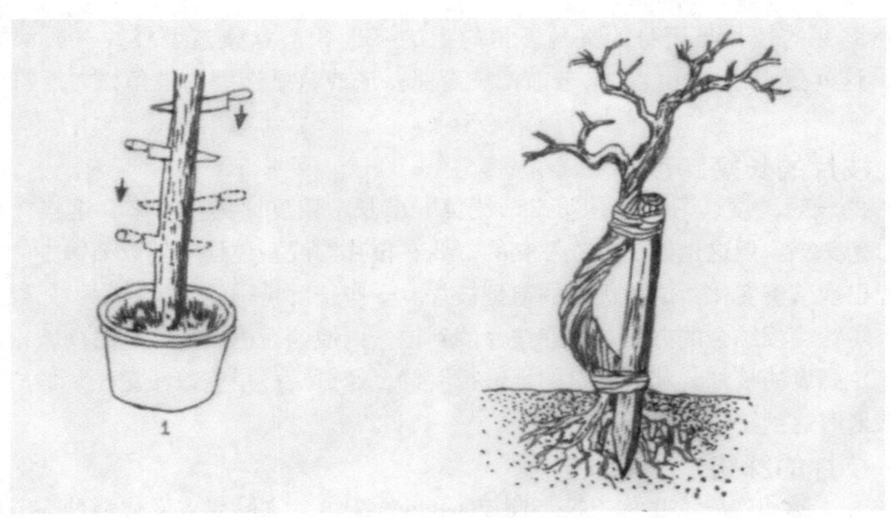

图4—19 穿刺

二、枝片造型技法

枝片造型技法是研究树木盆景在造型过程中，枝托形成的一定规范和章法。在这里我们以岭南盆景的枝片造型技法为对象，重点研究枝托的形态和出托的位置、角度，以及枝的气质和神韵。

一件盆景作品成功与否，与其枝片造型技法运用配合的好坏程度有着密切的关系。事实上在我们选桩时，上佳的桩头很少见，大多数属普通桩头。因此，要把一件普通桩头培育成精品盆景，就要合理地运用枝片造型技法和各种技艺去补充其先天的不足。一个好的精华枝片能起“一好遮百丑”的作用。有经验的盆景制作者往往善用枝片技法，从而使作品增色不少。

1. 枝片造型技法在构图中的作用

树木枝条的生长多属外展形，只有向外扩展才能求取足够的生长空间。枝片与枝片之间的长短、疏密就形成相互间的争让、呼应。外展枝片的长短，就决定了树形的构图形式。左右均长，呈等腰三角形构图，给人感觉稳重、坚固。一边枝片长，一边枝片短，呈不等边三角形构图者，则形成灵活、险峻的态势，具有动感。上、下、左、右枝片的长短不一，形成多边形构图，给人感觉变化多样、构图新颖。树形外轮廓的几何形变化会形成不同的构图形式。

2. 枝片的起点和出片角度

枝片的起托位置和出片角度是由制作者根据成型后的桩高和造型要求决定的。在确定枝片位置前，一定要做到心中有数，要考虑到作品成型后的高度，一般以符合黄金分割定律确定第一枝片的起点位置。

自然萌芽的枝片与干身的夹角多呈向上的45° 角。盆景造型枝片一般都要求大于45° 角，这就要人为地在枝条未老前把枝弯曲，形成合乎造型的枝角，才能符合造型美的要求。

3. 枝片的长短跨度

枝片的长短跨度，习惯上是第二节比第一节长，粗度比第一节细，这样才合乎过渡自然的造型美感。但这也不是一成不变的，要在枝片的成型过程中加以节律性的互换，才能使枝片出现节奏变化，成为优美的造型枝片。一些长度特别的外展枝片，如飘枝，就要运用长、短跨度相结合的办法，加速枝片的到位，以便缩短桩景的成型时间。相反，一些已长到一定高度的枝片，就要有目的地进行制约，通过短截措施以减缓枝片的成型高度，使全桩成形时达到统一。

4. 枝片的脉络

枝条有主脉和次脉，也称主枝与侧枝（图4—20）。主脉要求变化强劲，节奏明显，过渡自然，长、短跨度互用。横角枝，即是侧枝的分枝，相对主枝和侧枝而言就要适当密集，特别是成形阶段，横角枝要成簇，方能显出树相的老劲。

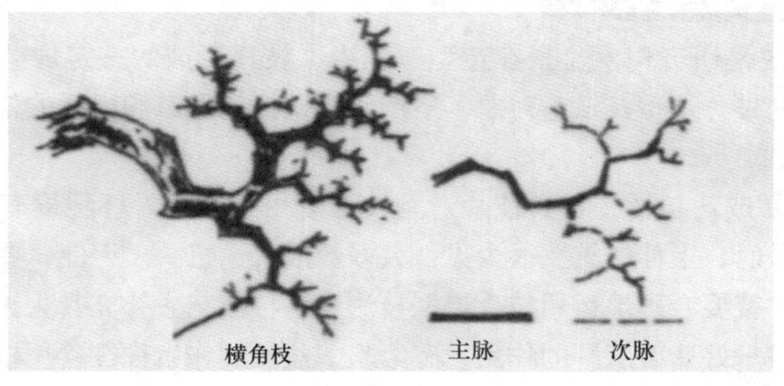

图4—20 枝片的脉络

5. 枝片的类别

（1）鸡爪枝。枝形刚劲虬曲，枝脉曲节、角度大、变化强劲、方向多变，形似鸡爪（图4—21）。一些互生叶片的树种属此范畴，其适用于苍古、雄浑、厚重的树形。

图4—21 鸡爪枝

（2）鹿角枝。枝形轻盈、流畅、潇洒、自然。叶片对生的树种属此范畴，其适用于高耸、清秀、飘逸、洒脱的树形。另外，对生枝下剪时，要一长一短打破规律，以求变化（图4—22）。

图4—22 鹿角枝

（3）回头枝。枝形回头，次脉与主脉方向相反（图4—23）。能起到补充枝托空膛的疏空效果，同时有逆势，增强枝的力度和动感。

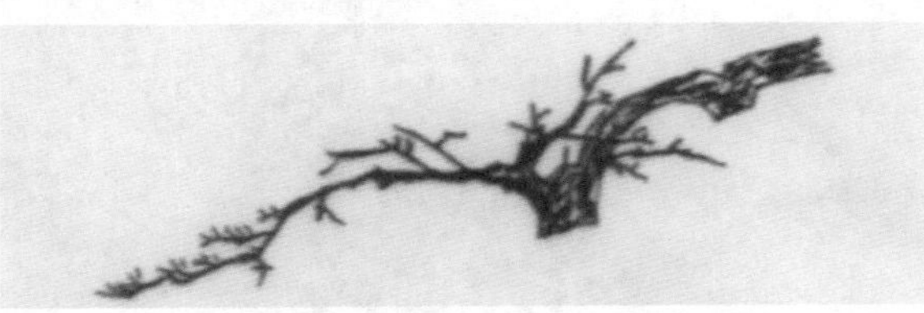

图4—23 回头枝

（4）自然枝。与自然界中树木生长的枝条相仿。出枝多呈45°角（图4—24），一般通过修剪等方法改变生长形态，多用于高耸的斜干树形。

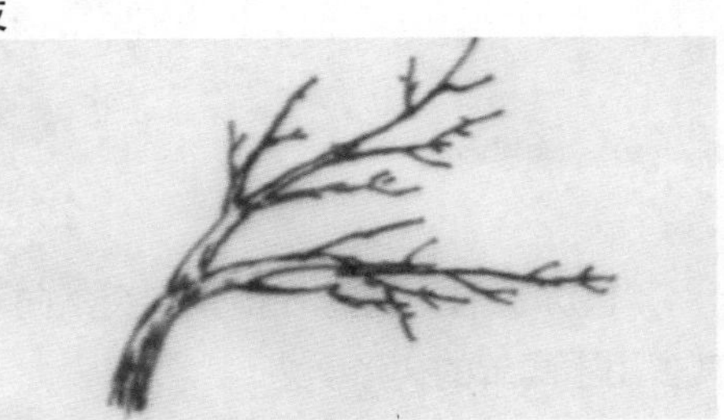

图4—24 自然枝

（5）摊手枝。也称平行枝，枝与枝之间基本平行，次脉与主脉呈水平方向生长，形成云片状枝形（图4–25），其多用于云片和迎客松式的造型。

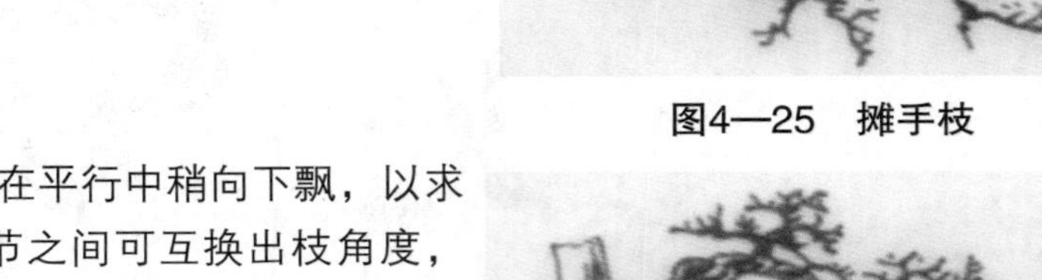

图4—25　摊手枝

（6）飘枝。枝的主脉在平行中稍向下飘，以求获得最佳的曲线美，节与节之间可互换出枝角度，加强节奏感，但应不偏离主脉中轴线（图4—26），此法在造型中最为常用。

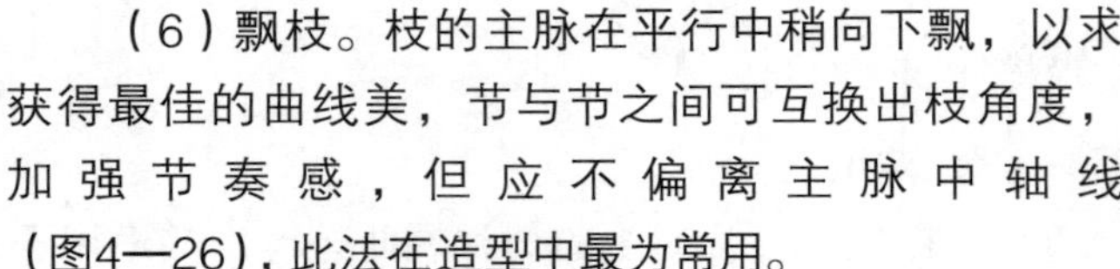

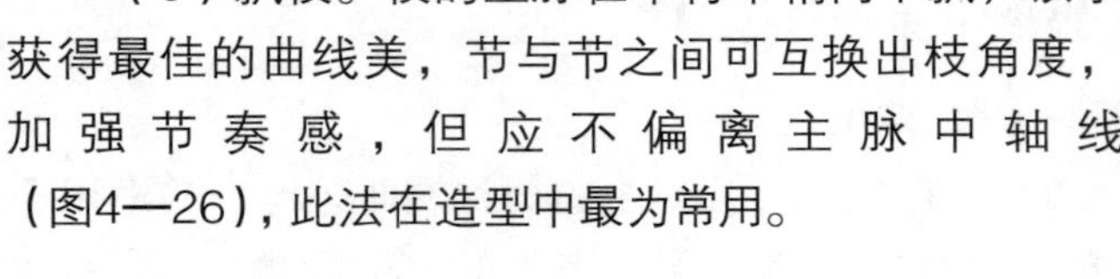

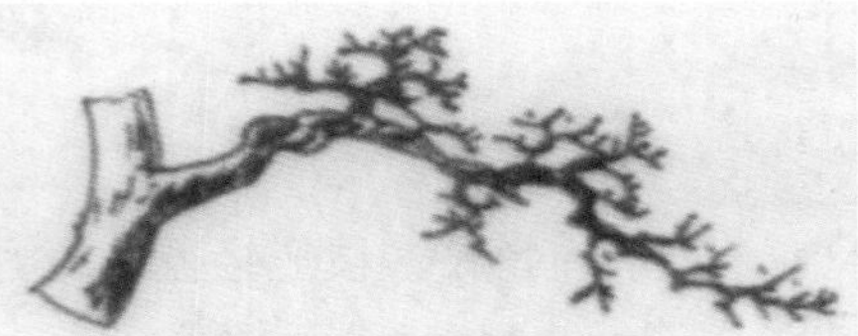

图4—26　飘枝

（7）探枝。主脉曲折起伏，与飘枝有相似的地方。其最大的特点是在众多比较统一的造型枝中，“异军突起”打破构图的曲线，成为多边形的构图，其常用于大树型、古榕型、悬崖型（图4—27）。

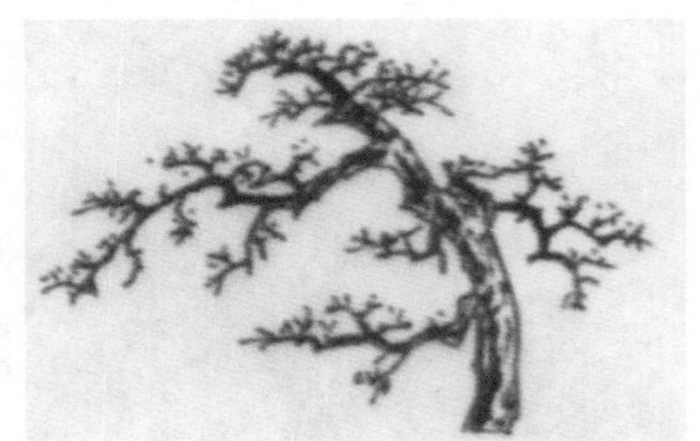

图4—27　探枝

（8）拖枝。主脉圆转流动，与干身走向相同，多用于曲干式的造型（图4—28）。

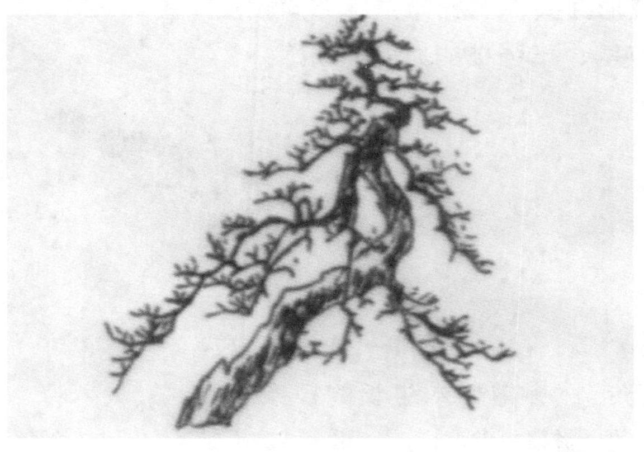

图4—28　拖枝

（9）跌枝。主脉在前景中突然向下曲折跌宕，变化强烈，下跌后流畅自然（图4—29），其多用于高耸的树形。

图4—29　跌枝

（10）泻枝。主脉一出枝即弯曲呈流动下泻状，其间少曲节变化，有如江河直下、一泻千里（图4—30），其多用于高脚高耸形桩中。

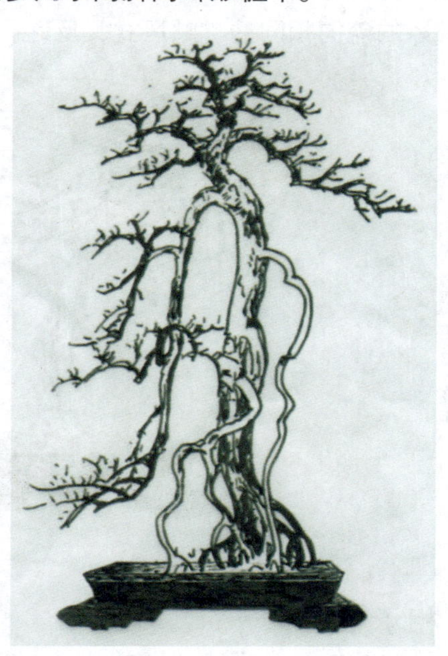

图4—30　泻枝

（11）垂枝。主脉、次脉都呈软弧状下垂，枝条流畅自然，少有曲折变化（图4—31），多用于自然界垂枝式的树种。

图4—31　垂枝

（12）风吹枝。受定向风的吹袭，枝条的主脉、次脉流向，气势统一，风动感强烈（图4—32）。干势、枝势与风的流向相同的称顺风式，反之，则称为逆风式。

图4—32　风吹枝

6. 枝的起承回旋、相承相破

中国书法讲究的是线条的起承转合，行笔的圆转流畅，抑扬顿挫，字与字之间的争让、顾盼。盆景中枝的造型也就是线的造型，盆景与书画有着密切的联系，书画的理论往往适用于盆景的创作。树木盆景造型讲究枝条造型的力度和美感，顺、逆、落、起、展、折、制、顿、伸、屈等运用到枝条的造型中就产生了力的变化，其间的起承转合，就蕴藏

着线条节奏变化的无穷魅力（图4—33）。

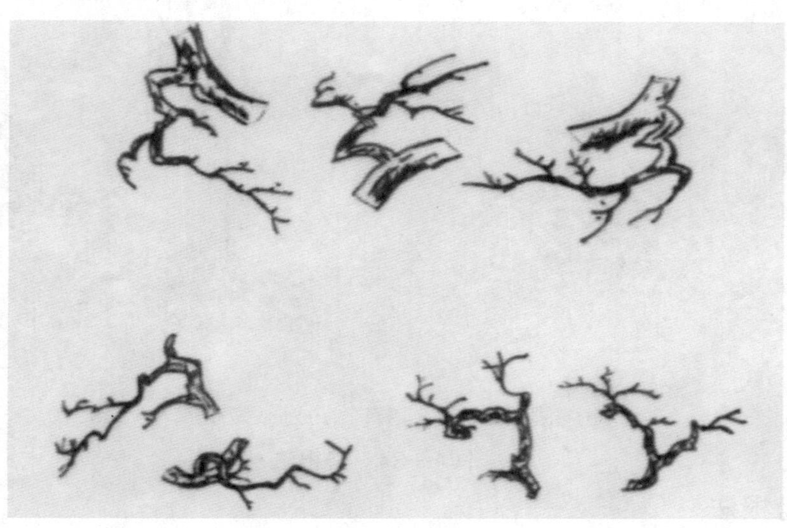

图4—33 枝的起承回转

承与破是国画画理中的对立统一。花鸟画中的平行相破法，女字小三角法、三笔破凤眼法、四笔破井字、破十字，既有枝条的破法，也有构图的破法，同样都适用于盆景的造型。

在双干、多干、丛林的造型中，可以合理地运用上面的枝、干相破法，使造型有所突破，从而给人清新脱俗的感觉。

三、根部造型技法

树木盆景中的根是树木赖以生存的主要组成部分，很大程度上决定树木生长的优劣。从造景角度来讲，根的造型也是表现树木盆景美的重要部分。因此，养好根，除有利树木生长外，更能增强树木盆景造型艺术的感染力，使之更加完美。俗话说："无根如插木。"没有好的根形，不能称得上盆景佳作。

根部造型技法主要有垫根法、盘根法、挤压法和围套法。

1. 垫根法

选择健壮的盆景树根，将全部根系掘起，洗掉泥土，剪去所有向下根系，注意保留四周侧根，清理成放射形，用扁形物体如木板、瓦片等垫在根部下端，再用棕丝或易腐绳带将根系均匀地缚扎在垫物上。在培养过程中应尽量保留树冠，促使根系生长，数年内即可培养成理想的平展根形（图4—34）。

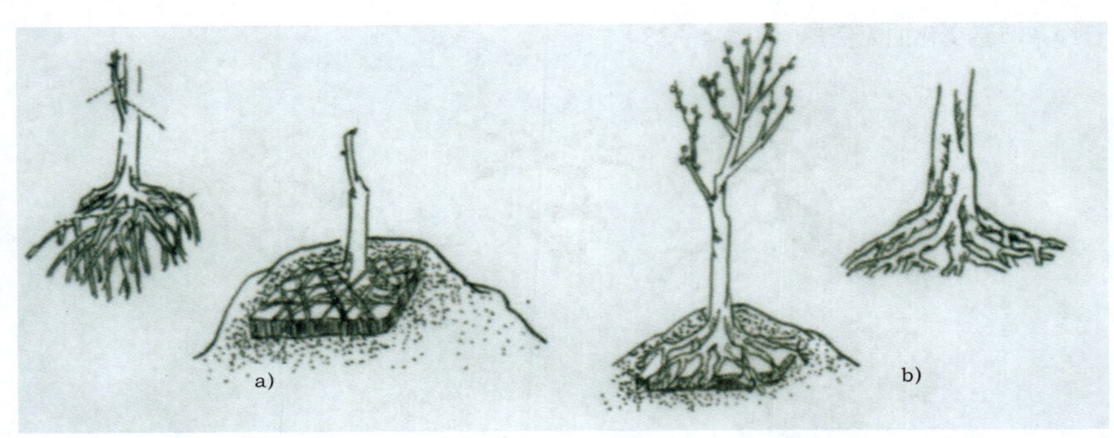

a)整理根部，覆土培育　b)成形后去土露根

图4—34　垫根法

2. 盘根法

选用根部柔软易于盘曲的盆景材料，如榕树、榆树等。春季挖起全部根系，洗去泥土，保留适于盘曲的长根，将锥形棕（锥形体）塞入根部中间，把根沿棕外围分开，再编排盘曲长根，注意粗细有别、自然得体，使根形呈喇叭状，再用易烂绳带缚扎。将盘曲处理的树材植于地下，或植于稍大的泥盆中。经过盘根培养，并逐渐提根，若干年后，即可培养出奇特而美观的盘曲根形。

3. 挤压法

在树木生长过程中，不断用物理方法对根基主根进行抑制挤压，使其形成板根状。选用生长快、根系发达的树材，如三角枫、榕树、朴树等，掘起后，洗去泥土，保留侧向主根，将侧根向四周分成5～7根，根底呈“喇叭状”，并将锥形物体塞入根下养护。成活后，扒出主根，用自制刀形铁板和螺丝，分别将分开的侧根夹持拧紧，两年后拆卸夹板，即可塑造成别具风格的板状根。

4. 围套法

用围套的方法控制根的扩张，迫使根系向下生长，培养不同形式的悬垂根。春季掘起健壮的树材，洗去根部泥土，剪除短侧根，保留下垂根系。向四周扩散的根，可用易腐烂绳绑扎一下，选用高筒泥盆栽植，上部再用厚塑料或油毡将根部围起来进行培养，两年后，拆除围套物，即可形成风致独特的悬垂根。在以后翻盆过程中，可逐渐把悬根裸露于盆面，提高观赏价值（图4—35）。

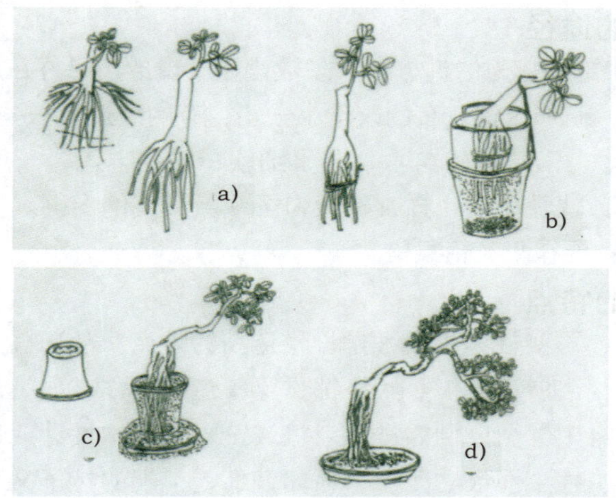

a)整理根系　b)绑扎后围套筒植　c)拆除围套　d)成型

图4—35　围套法

四、整体造型法

树木盆景整体造型内容包括总体造型设计，即树干、树形的设计，枝条或枝片布局，结顶形式，露根处理，盆面装饰以及景、盆、架的配置等。整体造型也可称桩景设计，它是一个想象过程或称形象思维的过程，归纳为观察→构思→灵感→绘图四个阶段。

1. 设计过程

（1）观察。即感性认识。我们常看到，有经验的盆景制作者在给大家做示范时，面对一棵苗木或老桩，往往不急于动手，会翻过来调过去反复观察，主要是想熟悉这棵树的整体形状、体量大小、树干趋向、枝条分布等，以获得对这棵树的感性认识或第一印象。

（2）构思。也称形象思维，随着观察的不断深入，制作者心里开始根据自己的审美观，插上想象的翅膀。比如，这棵树的造型是悬崖还是曲干式，是自然型还是规则型……；表现什么意境，如何表现；怎么处理树干，枝片如何取舍、布局；放在什么盆里好看，配什么架子最美观、协调，等等。当中还穿插着许多肯定和否定的过程，这是一个脑力劳动过程。

（3）灵感。这是一个突变过程。在反复观察、构思的基础上，终于在头脑中形成了一个理想的艺术造型，这就是所谓灵感的出现。制作者的“腹稿”完成了，便会胸有成竹。余下的就是将头脑中的艺术造型通过动手操作以实际的形式表现出来（物化成艺术作品）。

（4）绘图。有绘图能力的制作者或盆景大师，常常将腹稿绘在纸上，以便按图施艺。

2. 桩景造型的途径

（1）以形赋意。野外挖来的树桩，大多数是枝干现成，只好在原形的基础上赋以意境了，谓之因材设计，略加改造。有的改造小一些，有的改造大一些。

（2）意在笔先。人工培育的苗木，主干细软，枝条丰满，一般情况下，宜于进行各种姿态的整形加工，就像白纸一样，随意勾画最新最美的图画。其中观叶树种侧重造型，观花观果树种则主要在于花艳果美。

3. 桩景造型的特点

连续性、穿插性、可变性和灵活性是桩景造型的特点。从选桩开始，一直到挖桩、养胚修剪、蟠扎、上盆、展前养护等始终都贯穿着造型工作，只不过这项工作不像制作前和制作中那样明显集中罢了。例如一棵老桩或苗木，原本设计成悬崖式，但悬崖枝条不慎在搬动中碰断或由害虫而致枯死了，而偏偏靠近上端的枝干又有些姿态，这时不妨改成斜干式、曲干式或卧干式。因此，桩景造型有很大的灵活性。即使腹稿打成了，动手制作中随时改变造型和立意也未尝不可。面对一棵活苗，不同的人可以有不同的设计方案，同一个人也可以有几套方案。这其中就有了造型方案选优的问题了。下面以一实例素材为例，谈谈整体造型的设计方案。

实例分析：如图4—36所示，此桩是一较为普通的朴树桩材，其主、副干较直且变化不大，干身健壮光直，无过渡枝，但坡脚顺畅有力，形与势较理想，只要经过精心打造，便可成为较理想的作品。根据该桩特点，可设计几套造型方案供参考。

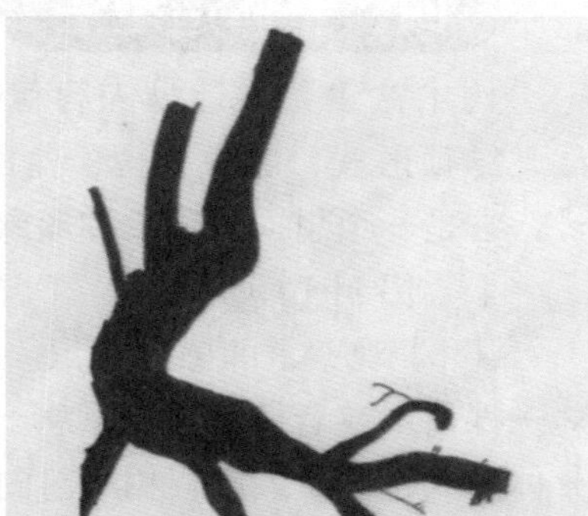
图4—36　朴树桩材

方案一：曲干式大树形

欲使两干走势略有变化，将原桩小干截去，主、副干及根同时短截，加强此桩的养护管理，特别是第一枝干的培养，充分利用主、副干的依托，展现其粗壮挺拔、庄重伸展之势（图4—37）。

图4—37　曲干式大树形

方案二：临水式

将此桩直立栽入深盆之中，主干为延伸飘长枝，副干为结顶枝，重点加强主、副干的培养，使主、副干过渡自然、曲折多变，有起有伏、动静结合。此桩向右自然延伸，可调整树木重心，达到整体构图的均衡，更显自然飘逸（图4—38）。

图4—38　临水式

方案三：半悬崖式

将原桩相以顺时针至半悬崖状，将主干、副干、小干，以蓄枝截干方式逐段进行。干身与主干交界处的“鼓肚”作节疤处理。经地栽养胚，待培养成型后截断过长粗根，配以深盆或中深盆即可（图4—39）。

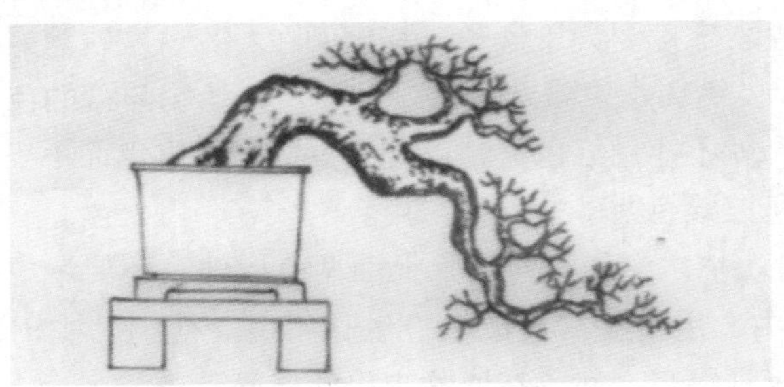

图4—39　半悬崖式

五、盆景造型与配盆

盆景，即盆中之景。盆是盆景的重要组成部分，它不但是栽种树木的容器，也是具有观赏价值的艺术品。盆景用盆十分讲究，有一景、二盆、三几架之说。中国有着悠久的制盆历史，所制的盆，款式新颖、造型优美、色彩斑斓、风格古雅，别具一格，闻名遐迩、享誉世界。因此，正确选盆，对增加树木盆景的艺术内涵有着重要作用。

1. 树木盆景用盆款式

（1）树木盆景用盆的分类方法很多，以盆口的形态来分，常见的有圆形盆、方形盆、长方形盆、椭圆形盆、六角形盆、八角形盆以及异形盆等。

（2）以盆的深度来分，可分为以下5类：

1）深盆。又称签筒盆。凡盆里盆口直径1.5倍以上的盆均属此类。

2）次深盆。盆的高度大于盆口直径，但又达不到1.5倍者或盆的高度略小于盆口直径者，统称次深盆。

3）中等深度盆。盆高是盆口最大直径的一半左右。

4）浅盆。盆高是盆口最大直径1/3左右者。

5）特浅盆。盆高达不到盆口最大直径1/4者统称特浅盆。

2. 树木盆景用盆质地

树木盆景用盆以制作材料的质地来分，可分为紫砂陶盆、釉陶盆、石盆、云盆、素烧盆等。

3. 盆与景物的相配

盆是树木盆景的重要组成部分，一件树木盆景选用什么样的盆，应考虑以下三个方面：

（1）树木的形式。一件树木盆景选用什么盆，首先要考虑树木造型形式。悬崖式要选盆较高的签筒盆，因为枝干大部分伸出盆外，树根扎入泥土深些树木才能稳定。用深盆不但有利树木生长，而且能衬托造型，树木犹如生长在峭壁悬崖上，有临危不惧的气势，若用普通深度的盆，则没有用签筒盆的效果好。直干式树木盆景用浅盆比用深盆更能衬托出树形的优美，树冠左右宽度要大于盆长，其比例在1.2∶1左右为好。

（2）树木的色泽。给树木盆景选盆时，还要考虑景物与盆的色泽是否协调，如树木叶片、花朵是红色的，就不能用红色盆，以避免景物与盆靠色而不美。但反差不宜过大，一般用中间色较好，所以栗色紫砂盆最为常用。

（3）树木的习性。树木盆景选盆，除上面两点以外，还要考虑树木生长习性。如梅花喜生长在较深的盆中，用浅盆常造成梅桩生长不良。榕树、榆树、松树等树木根系发达，适应性强，只要管理得当，栽种在浅盆中仍能枝繁叶茂。

实训四　日本五针松的嫁接

一、嫁接前的准备工作

（1）嫁接刀。准备好下面平、上面斜的嫁接刀，以便用来削平、切平接口，刀口要锋利。磨刀时，磨石要放平，然后使刀的下面平放在磨石上，磨到刀刃成一线而没有卷口、缺口时为止。

（2）绑带。可用塑料薄膜剪成条状作绑带或用胶布，切忌用芳香型的胶布。

（3）砧木。用移栽过的2～3年生黑松小苗作砧木，树苗要无病且生长旺盛的。嫁接前，将多余的枝条剪除，并擦清树干基部。

（4）接穗。要选用无病害、芽饱满的顶生壮枝为接穗，最好剪下就接，时间

过长会影响成活。

二、嫁接方法

（1）先削接穗。刀口长度为长切面1 cm左右，短切面0.5 cm以上。切面一定要平整，不能高低不平，也不能弯曲。

（2）切砧木。将嫁接刀斜放在黑松干的基部，先垂直切下，然后将刀的前部抬起，用刀的根部往下切进砧木直径的1/3～1/2，长度1 cm。切口深浅要适当。

（3）插接穗。将削好的接穗插进砧木切口，要对准其形成层。如接穗与砧木粗细不一，对准其形成层外侧的一面即可。只要刀口切得好，接穗插入后便能与砧木紧密无间。

（4）绑扎。砧木周围要逆时针方向绕以绑带，使接穗在砧木的切口内固定不动，以利于形成层的愈合，但绑带不宜过紧。

（5）浇水。在上盆或种入苗床后，不要立即浇水。

三、嫁接后的管理

（1）湿度。每天喷1～2次，并用薄膜覆盖。

（2）温度。2～3月份在阳光直射下，薄膜内的温度可达30℃左右。这时可加强通风或遮阴等方法，将温度控制在25℃左右。

（3）光照。五针松是阳性树种，光照不足会影响其成活率，但又不宜阳光直射。因此在4～5月份塑料绑扎带没有拆除时必须进行遮阴。

（4）剪除黑松。剪除的时间最好在第二年的三月中旬。

（5）其他注意事项。四月下旬要对黑松芽进行控制，以便集中养分供五针松芽的生长；4～5月要使环形塑料薄膜棚里保持较高的湿度；5月中旬拆棚后，一天浇水不能少于两次；新芽萌动放针时，要适当增加光照时间，不能过阴，否则会因光照不足造成死亡；6月初对新发针的黑松剪除不必要的新枝，并除杂草；7—8月气温高，要注意高温季节的遮阴工作，不要让强光直晒。

利用腹接的方法还可换冠，在野外挖掘到粗壮、干形好、品种差的盆景树木，蓄养2～4年后，进行高位多头腹接品种优良的同属树种。对枝干形好，已栽活数年的黑松，进行适当疏剪，留作砧木，再根据其粗细取1～2年生的五针松枝条，在砧木各枝条上腹接数个点，接穗成活后，逐年剪除接穗上的砧木，从而达到换冠的目的。

实训五　日本五针松的铅棕并用蟠扎技法训练

铅（铝）丝和棕丝并扎法是目前普遍采用的蟠扎技法。它借鉴了两种技法的优点，同时又克服了两种方法的缺点，是值得推广的一种蟠扎技法。二者并用的原则：一是素材的初次整形以金属丝为主，已成型桩景在日常养护中的零星小枝整形以棕丝为主，这样的桩景面貌较自然。二是粗枝的蟠扎以金属丝加工为主，细枝末节的蟠扎可适当结合使用棕丝，这样较有利于树势恢复。

一、选材要求

所选的五针松要求长势强壮、分枝多，树苗枝条粗细、长短错落有致，近根基部最好有长枝条，根部虬曲苍老，干有自然弯曲更佳，我们所选的训练材料，一般为3～5年生的五针松。

二、蟠扎时间

五针松属常绿树种，蟠扎一般多在秋天或冬天进行。

三、工具、蟠扎物准备及安全事项

工具：老虎钳、剪刀、黑胶布等。

蟠扎物：各种型号铅丝（现在一般常用铝丝）、棕丝、棕绳等。

安全事项：准确合理使用工具，自觉维护教室纪律，严格按照操作规程进行。

四、讲解、示范五针松铅棕并用全过程

树木盆景造型的要求一般有半扎法和全扎法。要求学生训练的是全扎法。所谓全扎法是所用材料为小苗，从树干（主干）到树枝（枝片）要全部进行蟠扎。其枝片分“台、托、顶”（苏派盆景术语）三种。“台”指树干两侧的枝片，“托”为主干后边的枝片，“顶”是主干顶端的枝片。蟠扎顺序：先主干，后主枝，再侧枝，由下往上，由粗到细，最后结顶。

1. 相树

在蟠扎主干前根据手上的五针松材料，先确定造型形式、蟠扎的最佳面（正面），然后用手指试一下枝干的软硬程度。接下来即可进行主干蟠扎造型。对初学者来说，动手之前切勿操之过急。这就是我们说的相树过程也称构思构图过程。

2. 干蟠扎造型

（1）确定型号。根据主干选用适度粗细的金属丝，太粗了操作费力且易伤树

皮，太细了机械力达不到造型的要求。一般情况下，铅丝粗度约是所要绕主干最粗处的1/3。表4—1可供参考。所截铅丝长度为主干长的1.5倍，过长过短都不符合要求。

表4—1　　铅丝精度的选择　　mm

铅丝型号	10＃	12＃	14＃	16＃	18＃	20＃	22＃
枝干直径	18	15	10	6	4	3	2

（2）缠黑胶布或尼龙绑带。蟠扎前先用黑胶布或尼龙绑带缠于主干上，以防铅丝勒伤树皮。

（3）铅丝固定。把截好的铅丝一端插入靠近最佳面背面的土壤根团里，一直插至盆底（图4—40）。另一种固定方法是将铅丝一端缠在根颈与粗根的交叉处。

图4—40　铅丝固定

（4）缠绕的方向、角度与松紧度。缠绕铅丝按顺、逆时针方向均可。铅丝与主干要成45°角。角度大小时，缠绕的圈太稀，达不到弯曲程度，角度太大了，“线圈”太密则变成了“铁树”，既不美观又不易弯曲。缠绕时铅丝一定要紧贴主干树皮徐徐缠绕，由下而上，由粗到细，用力均匀，松紧合宜，间隔一致，一直到干顶。太紧了伤树皮，太松了主干达不到造型所需的弯度，在缠绕铅丝时还要避免一紧一松现象，这样不但不雅观，而且由于受力不匀，容易造成主干断裂现象。

（5）弯曲。缠好铅丝后开始弯曲，弯曲时双手用拇指和食指、中指相互配合，慢慢扭动，重复多次，使其韧皮部、木质部都得到一定程度的松度和柔韧，起到“转骨”的作用，也称“炼干”。如不炼干，一开始就用力扭曲，则容易折断。矫枉必须过正，不过正不能矫枉，作弯要比所要求的弯度稍大一点，缓一段时间后则弯度正好。有时一次达不到理想的弯度时，可停一下再弯，所弯弧度一般为

120° ~170° 。第一弯略大于第二弯，以此类推，最后一弯特别要注意重心问题，以曲干式为例，即垂直中心不要偏离根基部。整个主干造型呈立体“S”形。如不慎将主干折裂，可用棕绳捆绑一下，以此补救。如干基太粗而金属丝偏细时，可采用双股缠绕，以增加力度。如主干过粗时，可辅用棕绳蟠扎，以达到树干造型目的。也可采用弧切法、纵切法、横切法或借助竹竿、木棍蟠扎造型。

3. 枝片造型

（1）枝片布局。要在五针松的正面进行左右出枝，后面要留有托片，形成“高低差落、前后参差”。因此，在绑扎前将过密的和有碍观瞻的枝条疏云或短截，经过仔细修剪后方可用铅丝缠绕。五针松轮生枝多，通常要剪去一些忌枝，如重叠枝、反向枝、正前枝、交叉枝等（图4—41）。在处理枝片造型时一般不允许有并片现象出现。

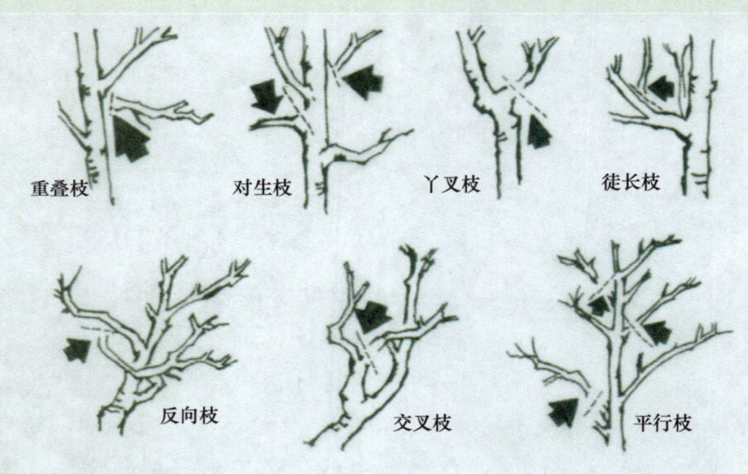

图4—41 剪去忌枝

（2）枝条弯曲。枝条弯曲首先应该注意铅丝的着力点。在枝干上随便搭头，就无弹力，但也不要为了增加着力点反复缠绕。可能时，一条铅丝作肩跨式，将铅丝中段分别缠绕在邻近的两个主枝上，这样既省料又简洁、雅观。在两条铅丝通过一条枝干时，不许交叉缠绕而形成“X”形。枝片一般第一层下垂幅度较大，越上越小，直到平展、斜伸。枝干弯曲次数及弧度，以二弯半为准，首先是半弯，然后第一弯、第二弯，第二弯比第一弯小，弧度在120° ~170° ，缠丝角度成45° 缠在枝条上，细枝末梢用棕丝弯曲，整个枝片平面呈“S”形（图4—42）。

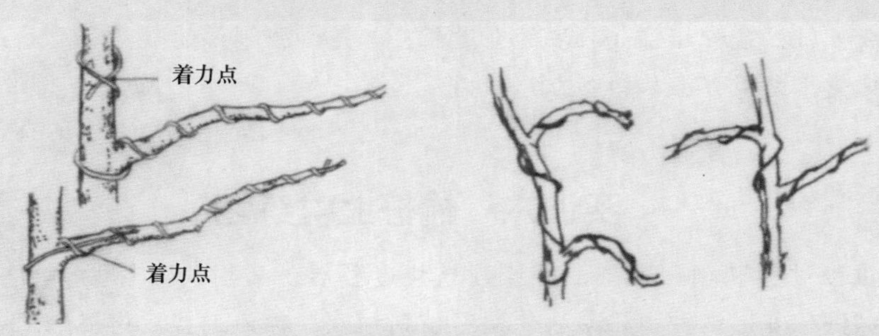

图4—42　弯曲枝条时的铅丝缠绕法

4. 顶片造型

主干、枝片造型完成后，接下来是顶片造型。顶片造型布局要求两边长、前后短、中间高，呈“馒头”状，弯曲方法与上面所述相同。有时顶部分叉枝只有两三根，那么我们只作两边分或另一根放在其后面。

5. 整体造型调整

各部分造型完毕，最后结合整体造型需要可做局部调整，使造型更完美。

五、操作训练与巡回指导

经过讲解示范后，学生将按照教师的要求训练。根据学生的实际情况，建议分四个部分进行。

1. 主干造型训练

主干造型训练是整个蟠扎过程的第一步，主干蟠扎的好坏直接影响到整个盆景的造型。要求学生做到：一是能正确判断五针松的正反面；二是能正确选用各种型号的铅丝和选用粗细适中的棕绳；三是能合理利用铅丝进行主干缠绕；四是能合理使主干弯曲；五是要培养独立思考、勤动手、善于请教、互帮互学的良好习惯；六是要注意安全操作。

2. 枝片、顶片造型训练

枝片、顶片造型训练是在主干造型训练基础上进行的，因此一定要围绕主干的造型做文章。要求学生做到：一是能正确选择各种型号的铅丝和选用粗细适中的棕线；二是能在头脑中形成枝片的平面布局和立面布局；三是能较熟练地剪除各种忌枝；四是善于使用“二弯半”作枝条弯曲，同时灵活掌握枝条的弯数；五是要注意顶片位置的重心。

3. 整体造型训练

整体造型训练是检查一盆盆景制作的完整性和美观性。要求学生做到：一是能独立完成五针松盆景铅棕并扎法的全过程；二是加强训练的数量和质量；三是力争使造型更美，更富有艺术感染力。

实训六　榆桩上盆练习

树桩经过养胚驯化定型，再经过蟠扎造型后，必须栽入景盆（细盆，也称精盆），以供观赏，这种由桩景从粗盆移植到细盆，称为上盆。树桩配上盆，使景物在客观上提升了观赏效果，树桩便给人以“缩龙成寸”的感觉，使作品既有大自然的气息，又与大自然里的一般树木有明显的区分，达到源于自然而高于自然的境界，这也是上盆的意义所在。

上盆练习是树木盆景日常管理工作中的一个重要内容。对榆树进行上盆练习，其目的是加强学生动手能力和对上盆艺术有进一步的理解。下面将对榆树上盆练习作一个较全面的介绍以供参考。

一、工具、材料准备

（1）工具。剪刀、园艺花铲、竹签等。

（2）材料。榆树（规格为30 cm左右的小榆树）、各种型号与款式的紫砂盆、垫瓦和塑料网片、金属丝网、培养土等。

二、讲解、示范榆树上盆的操作步骤

1. 选择适当时期

榆树最好选择在休眠期进行上盆，以保证上盆移植的成活率。如选择的榆树是落叶树，其比常绿树的上盆时期要宽松一点。

2. 选盆

榆树的形态、大小和高矮，对所选景盆的形状、深浅、大小及色泽等都有不同的要求。如果这些因素配合得宜，就更能表现出作品的美观性，否则就会大大降低其艺术价值。所以我们要提供多种款式的景盆，以供上盆时有更多的优选余地。

3. 配盆

（1）突出主题。配盆要以景树为主体，盆为衬托，达到和谐均衡、突出主题的目的。如悬崖式的榆树需要配上一个高高的签筒盆，并配上专用几架，就能加深悬崖峭壁之感。又如一棵一本多干式榆树，配以宽阔的“日”字盆或撇角“日”字盆，以求景地宽旷，突出景树悬根露爪、枝繁叶茂，塑造出岁月悠久的意境，把观

赏者带到树荫之下共乘凉的境界，引人入胜。再如一个中等高度的中方盆或六角盆配上一棵临水式的榆树，使人触景生情，有临流顾影之感。一棵气贯云霄的直干式榆树，配以长方形浅盆，因盆长浅，从而衬托出挺拔雄伟之气概。

（2）比例协调。景树与景盆大小比例要合宜，从整体布局来看，如果树高盆小，会觉得头重脚轻，重心不稳；若盆大树小，则觉得虚然无物，有见盆不见景的喧宾夺主的感觉。因此，二者比例不可失调。

（3）选好位置。确定了景盆的大小之后，就要集中考虑栽植位置了。对于端庄凝重的直干式或多干式，可栽得较为居中，以显示作品的庄重雄伟，突出其艺术个性。至于飘逸潇洒型树木，可以稍偏植于景盆的左或右，取于三七或四六间的“黄金点”上。景树前面要留有较为宽敞的余地，才显得前景开阔，让观赏者觉得心旷神怡，不给人以凝重堵塞之感。悬崖式一般都栽植在靠盆角的位置上，这称为“压角法”。

（4）粗剪。上盆之前对榆树进行一次粗剪，也就是把要剪的枝条稍微留长一些，可剪可不剪的暂时不剪，待上盆之后再行精剪，以防剪错。

（5）摘叶。摘叶的作用：一是为了减少蒸腾，有利成活；二是为了观察树形，以便做出配什么盆、植在什么位置的决定。

（6）整理根系。榆树根系较多，应剪去过多须根，将根系疏正理顺，行提根术，造成悬根露爪，增加树景苍劲突屹之美感。

（7）进一步构图造景。以预先设计好的构图为依据，选定榆树在盆中的位置与动势，对景观造型再作深思熟虑。

（8）盆底处理。选好盆后，用碎瓦片或金属网或塑料网盖住盆底排水孔。浅盆多用铁丝网或塑料网，深盆采用碎瓦片，特深的签筒盆需要多块碎瓦片将盆下层铺垫，以利排水。这个工作很重要，切不可忽视，如不加注意，将水孔堵塞，水排不出去，将会出现根窒息现象。用浅盆种植榆树时，最好用金属丝将树木与盆底捆牢。可先在盆底处放一铁棒，使金属丝穿过盆孔缠住铁棒，这样在栽树时根便可固定下来，不致摇动而影响发芽、生根和观赏。

（9）填土。榆树位置确定后，即可将事先筛好的三种粗细的培养土填入盆内，先将大粒土放在盆底，再放中粒土填实根的间隙，最后放小粒土。培土时一边放入，一边用竹签将土与根贴紧，但不要把土压得太实，只要没有大空隙即可，以便透气透水。土填至接近盆口处，稍留一点水口，如是浅盆则不留水口，有时还要堆土种植，使土面形成自然起伏，增加野趣，切忌平坦。树木栽植深浅也要根据造型要求，一般将根部稍露出土面为宜，提根式则另当别论。树木栽植完毕后要铺青

苔，喷透水，放置无风半阴处，天天注意浇水，半月便生新根，再转入正常管理。有时亦可在盆面上放置一些石头或摆件作为装饰或点题。

三、分组练习与巡回指导

讲解示范完毕，学生可进入榆桩上盆练习阶段。在练习时具体要做到：

（1）能严格按照各项操作规程进行，同时注意安全操作。

（2）选盆是门学问，对初学者来说一定要反复比较，切不可草率了事。

（3）配盆是门艺术，在配盆时要根据手中榆树的造型和个性特点，配上最合适的盆，同时要确定正确栽植的位置。

（4）剪根、摘叶、理根系时要认真对待，切忌无目的地乱剪、乱摘，以免影响植株的正常生长。

（5）垫底、填土、浇水等处理工作要细致，这些都是基本功训练的必备要素。

（6）最后做好场地清洁卫生及收拾工具等工作。

第五节　树木盆景佳作赏析

一、秦汉遗韵

树种：圆柏（Sabina chinensis (L.)Ant.）

作者：朱子安

“秦汉遗韵”是苏派盆景代表作品之一，获第一届（1985年）全国盆景评比展览会特等奖。苏派树木盆景多枯干嵯峨而翠叶满枝，或花艳如染，宛如枯木逢春。此柏铁骨铮铮，枯干一段，正是历经数百年风雨沧桑的真实写照。枯干右侧一路主干，三五枝片，鳞叶苍翠，四季常青，一派生机；枯干基部一枝片横空飘出，不但填补了空白，而且能与整个枝群融为一体；顶片处理则采用江南大树成年后典型的圆弧形结顶。作品构图简洁，主干微斜而动势十足，显得飘逸洒脱；枝片似虚而实，疏而不散，意韵清远，有秦松汉柏之势，故名“秦汉遗韵”。造型简洁生动，犹如中国画的“大写意”，被誉为“立体的画”，“有生命的文物”。景盆为明代制作的大红袍莲花盆，盆座为元末张士诚驸马府中的遗物九狮石墩，古桩、古盆、古架三位一体，被誉为“国家级盆景”。

作者朱子安，1989年9月被建设部城建司、中国园林学会、中国花卉盆景协会联合授予“中国盆景艺术大师”荣誉称号。

二、奇柯弄势

树种：圆柏（Sabina chinensis (L.)Ant.）

作者：苏州万景山庄

“奇柯弄势”是苏派盆景新一代作品，获第五届（2001年）中国盆景评比展览会金奖。枯干嶙峋，形同舍利，桩形奇特；富有极强生命力的主干从枯干右后挺拔而起，枝片苍翠，既富层次，又能融为一体，亭亭如盖。苏派盆景中的单干式桩景，因其主干苍劲古朴，极富天然之姿，所以在造型时大多顺乎天然，不弯不曲，不作人工斧凿，只对各枝片

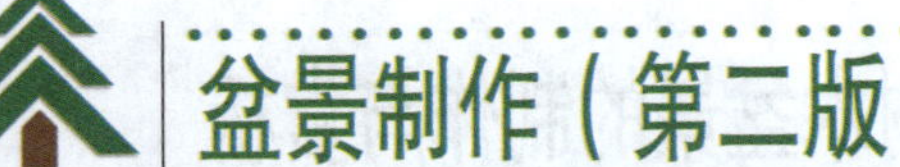

进行绑扎定位，这种方法称为“半扎法”；造型后枝片分布富有层次，并具有高耸入云的感觉。作品利用“粗扎细剪”的苏派技法，将刚毅挺拔的树姿与略具奔趋之势的枯干相映衬，形象生动鲜明，新陈对比明显，极具非凡气势，具备苏派盆景的典型特征。

三、酡颜弄舞腰

树种：红果（红占果）（Eugeni Uniflora L.）

作者：陆学明

“酡颜弄舞腰”是岭南派盆景代表作品之一。主干斜出，屈曲自然，离基部稍远处分出次干，至中部一带顺势伸展出一蜿蜒“大飘枝”，显得轻灵飘逸，潇洒自然，并能和树势相互呼应，相得益彰；枝片布局简洁而明快，整个造型动势十足，如临水大树摇在和煦的春风里，亦似双人的冰上舞姿；新叶初发微红之际，更似酒后红颜，或有虞姬舞剑般的婀娜婆娑之姿，或有贵妃醉酒般的轻盈妩媚之态。传统岭南派盆景在风格上或雄浑苍劲，或潇洒飘逸，作品在吸收传统风格的基础上，借鉴南方水乡临水大树的飘逸姿态，创作出水景式“大飘枝”的独特造型。

作者陆学明，1989年9月被建设部城建司、中国园林学会、中国花卉盆景协会联合授予“中国盆景艺术大师”荣誉称号。

四、风华正茂

树种：九里香 [Murraya paniculata（L.）Jacks.]

作者：刘仲明

九里香是岭南派盆景常用的植物素材之一。在岭南派盆景中，表现旷野上大树风姿的盆景作品以孔泰初为代表，树形严整，干直枝繁，绿叶深沉如幄。此作品即为这一类盆景中的代表作之一。它以岭南派盆景中的近树造型为本，在创作过程中采用“蓄枝截干”的方法，逐年培育，突出树基头根的自然美态，树干粗壮挺拔，枝形比例匀称，疏密有致，繁而不乱，显得树冠丰满稠密。整株造型构图严谨，苍劲雄浑，如参天大树，风华正茂，秀茂而雄奇。即使是去掉叶片的“脱衣换锦”之后，也仍然保持着大树的优美形状。

五、翠云

树种：瓜子黄杨 [Buxus sinica (Rehd. et Wils.) Cheng]

作者：万觐棠

扬派“台式”盆景中的代表作品之一。扬派盆景根据“枝无寸直”的原理，用棕丝把枝条可以扎成 “一寸三弯”的程度，并把枝叶剪扎成极薄，酷似蓝天上的朵朵“云片”，如果把一盆清水放置到“云片”之上，也不会倾覆。用棕丝制作盆景的棕法（称棕路）经历代艺人的探索、提炼，由简单到复杂，经过不断改进，有扬棕、撇棕、平棕等11种之多，并有所选择地应用于黄杨、桧柏等树种的枝片上。作品承继了明清以来扬派“台式”盆景的传统造型，主干半枯，屈曲如苍龙入云端，云片好似深山野林中朝暮缥缈的浮云，神韵天成。整个造型中枝片青翠似万年灵芝，气势恢宏，充分体现了“造型如字体，片状如云层”的扬（州）泰（州）盆景的地方特色。

作者万觐棠，1989年9月被建设部城建司、中国园林学会、中国花卉盆景协会联合授予“中国盆景艺术大师”荣誉称号。

六、方圆随和

树种：六月雪 [Serissa serissoides（DC.）Druce]

作者：陈思甫

“方圆随和”是川派规律类（规则式）造型中“方拐式”盆景的代表作品。其将主干弯成“弓”字形的方形弯，枝盘六层，并在弯角处引出枝片。这种造型的盆景常从幼树开始培育，所花时间较长，难度高，如用垂丝海棠蟠扎常需15～20年的时间，还需精心护理才能成形，所以现在几乎绝迹。六月雪的生长速度相对较快，萌芽力强，相对而言，比垂丝海棠培育容易些。作品桩头裸根斜出，主干在同一个立面上来回作方形弯曲，弯曲处所出的枝盘近左右对称、成对排列，枝盘平整，微微下倾，为典型的“平枝式规则型”枝盘造型。整株造型雄浑壮观，形似翠塔，给人以一种韵律之美和程式之美，虽然生命表达受到一定的限制，却能方圆随和，表现出无限的生命力，观赏者可从中领悟到生命之美。

作者陈思甫，1989年9月被建设部城建司、中国园林学会、中国花卉盆景协会联合授予“中国盆景艺术大师”荣誉称号。

七、蛟龙探海

树种：日本五针松（Pinus parviflora Sieb. et Zucc）

作者：殷子敏

“蛟龙探海”是海派盆景代表作品之一，获2002年中国盆景评比展览会金奖。作品为一悬崖式盆景，主干苍劲嶙峋，斜垂于千筒盆之外，顺势屈曲而下，利用绑扎技法对枝片高下、左右定位，显得既富层次又不失自然。尤其是顶片的处理，利用主干上部较粗的主枝，向上内弯，宛如惊龙回首，气势非凡；丰满而自然的造型，既弥补了作品上部无枝片的不足，同时又形成了自上而下的丰富层次，并与底部枝片相呼应，形成了回环之势。作品造型如同蛟龙探海一般，矫健峭拔，也颇具飞舞之势，宛如黄山绝壁之上的舞松，迎着风吹，伸展着优雅飘逸的枝片，显示出独具的气质和魅力。

作者殷子敏，1989年9月被建设部城建司、中国园林学会、中国花卉盆景协会联合授予“中国盆景艺术大师”荣誉称号。

八、四世同堂

树种：日本五针松（Pinus parviflora Sieb. et Zucc）

作者：上海植物园

“四世同堂”是海派合栽式盆景代表作品之一。合栽式树木盆景的株干多以奇数配置为主，在创作过程中，注重对植物材料的选择，精心布局。正如中国画巨匠齐白石曾写过一首题画诗所说的：“十年种树成林易，画树成林一辈难。”合栽式盆景犹如绘画，需要煞费苦心地经营才创作出成功的作品。该作品打破陈规，以大小不同的四干进行合栽，并汲取日本合栽式树木盆景的技法，四株树木如出同源，主树高耸、粗壮，具有掩盖呵护之势，其他三株则作仰枝呼应之态，颇具家庭和睦、团结一心之意。同时因其配置得法，树与树、枝片与枝片之间显得主次分明，偃亚层叠，极富层次感。而高逾1 m的主松能在不及0.1 m深的盆中茁壮生长，可谓“高林薄土，老而弥健”，这与日本五针松的生命顽强以及养护管理水平的高超是分不开的。

九、刘松年笔意

树种：日本五针松（Pinus parviflora Sieb. et Zucc）

作者：潘仲连

此为浙江盆景的代表作品之一。浙江的杭州和温州多以松柏类植物作素材，尤其善用日本五针松拼植，巧于组合，擅作高干合栽式盆景，显得茂盛苍劲，高耸飘逸。此作品用两树合栽，左侧副株由基部以斜势分出一干，在两树直势之间加以过渡，意在两树间求联系，统一中求变化。整个作品由右侧主株在1/3高度处，向左分出一遒劲折曲枝片开始，向上逐层收缩，枝片相互映照，参差互补，显得苍劲浑厚，含蓄而庄重。在创作过程中能将原本上扬的粗枝条做开刀弯曲处理，使得各个枝片微微倾斜，以表现大树的苍老古朴之趣。作者以“南宋四大家”之一的钱塘（今浙江杭州）画家刘松年所写的西湖周边挺拔高松做蓝本进行创作，自有一种刘氏笔下的潇洒而淳厚的风韵。

十、花团锦簇

树种：紫薇（Lagerstroemia indica L.）

作者：苏州万景山庄

苏派树木桩景因大多从山野挖掘移植培育而成，所以常有“枯木逢春”之感，而紫薇也是苏派树木盆景的常见植物之一。古拙遒劲的主干向右斜立，作微曲内弯状，至干体中部右侧分出一枝片，干体顶部萌生出细长枝片，舒展而自然，并形成飞舞回环之势；主干基部配置英石一块，压住根头，以表示山岩景象，并弥补了干基的不足，与顶片形成相互呼应映衬，使整个作品的形象更加饱满丰富。该作品的主干木质部已经腐朽枯烂，仅剩半边树皮，却能咬定青山，繁花如锦，喷发出盎然的生机，激发出青春的活力，给人以一种“木欣欣以向荣”的感受。

思考与练习

1. 盆景的造型原则有哪些?
2. 比较野外挖掘树桩与人工培育树木盆景的各自特点。
3. 树桩盆景的定位修剪应注意哪些事项?
4. 简述树木盆景枝片造型的技法。

第五章　山水盆景的制作与赏析

学习目标

◆掌握山水盆景造型的基本原则及制作基本技艺
◆能对硬石和软石进行加工造型
◆掌握山水盆景的植物配置及摆件布置的方法

以山石为主体，表现自然山水景色的盆景称山水盆景。它所表现的主要对象是自然界中千姿百态的峰、峦、壑、崖、岩等山貌，以及江、海、河、湖、溪等水系。各种山貌水系各具特征：或宁静、优雅，或雄奇险峻、巍峨壮观，或秀丽、清新，但又相互联系，相互陪衬，不可分割。山因有树而显示生气，有林则幽，有泉则灵，有溪则动；水因山而活、而流，形成高低起伏、宁静幽远的秀丽景色。要制作山水盆景，首先必须了解山形、地貌、水系的特征，掌握它们之间的关系和变化，做到“胸有丘壑”，才能创作出“一峰则太华千寻，一勺则江湖万里”的优秀作品。

第一节　山水盆景的山形水体

地球由于地壳运动，地表面因岩层挤压隆起，形成山脉。有的岩层受到强大的拉张，产生裂缝，形成深谷、断层悬崖，塌陷形成江海湖泊、深潭，表面岩层受到光照、空气、雨水、生物等因素的影响和破坏，长期风化、分解，形成了千姿百态的山石形体，有花岗岩、火山岩、砂质岩、黏土质岩和石灰质岩等。尤其以石灰质岩山石形体最为丰富。山水盆景的制作就是以大自然中的这种山形水体作为蓝本的。

一、山形地貌（图5—1）

山水盆景是以山石作为主要材料，通过艺术加工和造型而模拟出自然界的锦绣风光的，山水盆景造型的依据就是大自然中的山形地貌，具体可概括为以下种类：

山：地面隆起高耸部分，有石山和土山之分。山水盆景多以石山为创作蓝本，而水旱式盆景多以土山为蓝本。

山脉：指一行群山，山势起伏，走向朝一个方向延伸。

峰：山体挺拔、高耸，山脉突出的尖端。

峦：连绵而又平缓的山峰。

岭：山体不高，平缓，山顶有路可行。
冈：较低而平的山脊。
巅：山峰的顶部。
崖：山石或高地陡立侧面。
岩：大石块突出的某一部分。
壑：群山中凹下的部分。
谷：两山峰间狭长而有出口或有水道的地带。
峡：两山峰之间夹水面的地方。
矶：突出水面的岩石或石滩。
坡：地形平缓倾斜的坡面。
麓：山脚。
岛：江河湖海中突出水面的小山或陆地。
峰林：石灰岩地区陡峭的石峰成群出现，远望如林。
溶洞：石灰岩层溶解而成的天然洞穴。

a）峰　b）峦　c）冈　d）崖　e）峡　f）矶　g）坡

图5—1　山形地貌

二、地表水体类型

江：较大规模的河流。

河：天然或人工的水道。

湖：被陆地围着的大片水面。

海：大洋靠近陆地的部分。

溪：山间的水道。

涧：山间流水的沟。

潭：山中较深的水面。

塘：蓄水的坑，较浅。

泉：从山体、地下流出的水。

瀑布：山间的溪水汇聚一起从山壁上突然倾泻下来，形似布匹。

三、山石皴纹

自然岩石均有纹理、裂痕、断层、褶皱、凹凸等方面的变化特征，其特征会因山石的地质结构、自然风化的程度不同而不同。为表现山石的表面纹理脉络，可借鉴我国传统的山水画“皴法”技巧（图5—2）。皴法是山石纹理、褶皱、断层、裂痕等不同形态的质感，能表现山石林木的阴阳向背、凹凸褶皱变化关系。运用借鉴传统的皴法技巧，使山体形状崚嶒峻峭，皴纹自然丰富。

“皴”法可归纳为点、线、面皴。

点皴主要有雨点皴、芝麻皴、钉头皴等，是由各种点的组合而成的皴法类型，适宜表现风化的花岗石，也适于表现石山与土山相混的山峦，体现峰骨隐现、林梢出没、云山雾蒙、烟雨润泽的意境。

线皴主要有乱柴皴、折带皴、卷云皴、荷叶皴、斧劈皴等，是由各种不同的线组合而成的皴法类型。适宜表现土质松软、草木葱茏的石灰岩地貌，具有苍莽沉浑、雄厚幽深之情趣。适用于各种软石。

面皴主要有刮铁皴、斫剁皴、没骨皴，是由各种大小不同的面（这种面比线更粗宽）组合而成的皴法类型。适宜表现雄奇、高耸、陡峭、苍健、嶙峋、坚实的花岗岩山体，体现山石苍劲、耸拔峻峭、气势雄浑之感。适用于各类软、硬石。

以上皴法在运用时，因石而用，一盆山水盆景，既可用一种皴法，也可以一种为主、辅以其他皴法糅合在一起使用。山石纹理丰富之处，如阴面、凹陷面，可多用皴法，而山石向阳突兀处，纹理较少，可少用皴法。

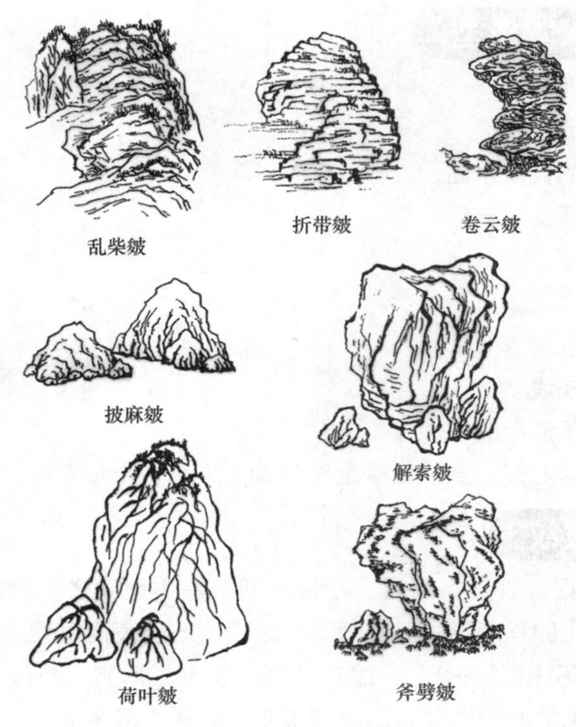

图5—2　中国画中的皴法

第二节　山水盆景的常见形式

山水盆景是表现大自然千姿百态、风情各异的山水景观，这就使山水盆景的表现形式极为丰富，呈现出多样性，而对于作为艺术再现的自然景观，就必须高度概括，典型集中地反映。

山水盆景根据其山峰形态特征和数量可分为孤峰式、双峰式、群峰式、散置式、悬崖式、峡谷式、偏重式、象形式、倾斜式、自然式等，根据透视原理，可分高远式、深远式、平远式等。

一、孤峰式

又名独峰式，多表现主题鲜明的奇特峰岩景观，具有峰奇、突兀、山势奇峭险峻、构图简洁明朗、线条粗犷直立的特点，多采用软质石料，以便雕琢洞穴险壑，使孤峰山体变化奇秀。也可选取奇特、直立的硬质石料，配以少量山石相组合，构成独峰。孤峰式山水盆景，常要求四面观赏，为了突出山峰挺拔，一般常用正方形、正圆形、椭圆形山水浅盆。布局时，独峰宜置中心偏后位置，峰前宜作平台，点缀配件，独峰周围散置

小山石作岛屿或点矾石，以此突出独峰的高耸险峻，而又不失单调。注意配件的比例、大小，充分运用“小中见大”的艺术效果（图5—3a）。

二、双峰式

与独峰式相同之处在于主题鲜明，有景物集中的自然近景，上开下合，雄伟峻峭。其用盆布局和独峰式相同，不同之处在于加工双峰时，其峰的形状、大小、高低要有变化，主峰雄奇挺拔，次峰则清秀自然，两峰要有明显区别，但又不宜相差太大，要呼应协调，有变化（图5—3b）。

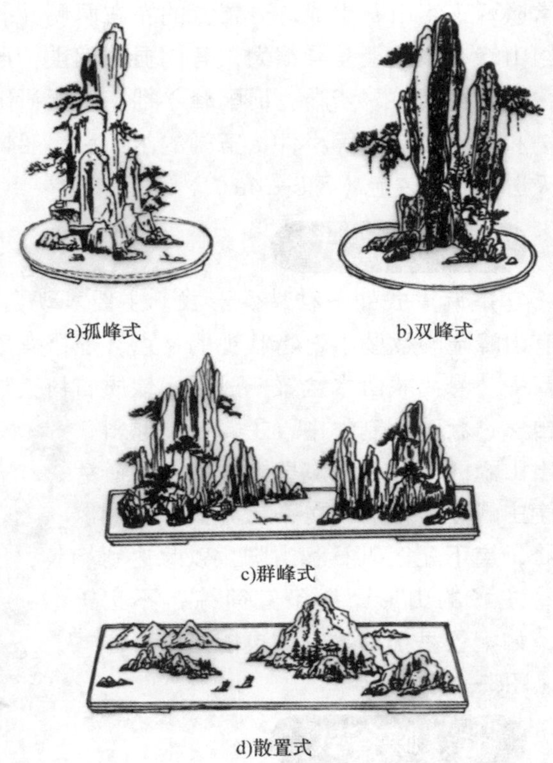

a) 孤峰式　b) 双峰式　c) 群峰式　d) 散置式

图5—3　山水盆景常见形式（一）

三、群峰式

主要表现千山万水、层峦叠嶂、群峰争秀的自然山水，具厚重、浑朴、层次分明的特点。群峰式用料较为广泛，常用长方盆、长椭圆形山水浅盆等。制作时，多采用多组山峰所组成的峰连峰、山连山、群峰相连的深远景观。但要分清主峰、次峰、配峰的高度比例，形成层次感和虚灵感，避免群峰杂乱，过于臃肿。也可采用不同的水面来分割群峰，并用亭、舟、筏点缀，配以叶小枝轻的植物，使之群峰苍翠葱茏、清秀疏朗（图5—3c）。

四、散置式

主要表现湖泊群岛、山礁等湖光景色。山石形貌较为丰富，有山峰、山峦、平坡、石矶等，多采用长方形、椭圆形山水浅盆。山石以三组以上峰峦组成，山体不宜过高，布局时要注意峰、峦的疏密变化，并将水面分割成大小不等、或狭小或宽阔的水域，使峰、峦有聚有散、多而不乱。再点缀配件一两个，配以低矮植物，形成山清水秀的湖光风景（图5—3d）。

五、偏重式

它是山水盆景造型中常见形式之一。主要表现奇峰异石、山势险峻的秀丽山水。山峰常以两三组山石组成，分置盆的左右两侧。一侧主峰高大雄奇，一侧配峰低矮平缓。两组山峰在体量上差异很大，有明显的偏重，形成强烈的对比。主峰以大块山石加工而成，轮廓线粗犷、清晰，而配峰平拙，更能衬出主峰的雄奇秀丽。主峰配以浓阴的常绿小树和房、亭、塔等小件，宽阔的水面点缀船帆，形成雄山峻峰近在咫尺、远山帆影远在天边的秀丽景色（图5—4a）。

六、悬崖式

它是偏重式的一种特殊形式，主要表现自然界雄浑险奇、峭壁陡峻的悬崖景色，具有山峰险峻欲坠、奇特壮观的特点，是极有动势的山水盆景之一，深受制作者、欣赏者喜爱。悬崖式山水盆景一般采用软质石料，如有天然悬崖的硬石，常常气势、质感更为自然、壮观。制作中，主峰一侧倾斜，悬出山峰的部分，呈峭壁陡立状。为避免悬崖主峰重心不稳，可在主峰另一侧配以次峰，崖下配以矶石和山脚，以此达到均衡；主峰的山形、线条宜简练，不宜繁杂，如配置垂挂植物，则更能渲染悬崖气势（图5—4b）。

七、峡谷式

又名峡口式，常表现两山对峙、中夹奔腾急流的江河景色。两组山峰山石宜陡峭绝壁，且雄健深厚，形成狭长的山谷。两山之间宜近不宜太远，太远则全无峡谷之势。山峰要有主次之分，有高低、大小及山体的变化。主峰宜居一侧，或前或后，另一峰则宜与主峰呈犄角对峙，使峡谷水面呈“S”形，形成前宽后窄的景观，好似“天门中断楚江开”的气势。峡谷内散置石矶险滩，点以竹筏、帆船，但应注意比例，两侧山峰可配以小树丛，以示群山连绵、峰峦叠嶂之景观（图5—4c）。

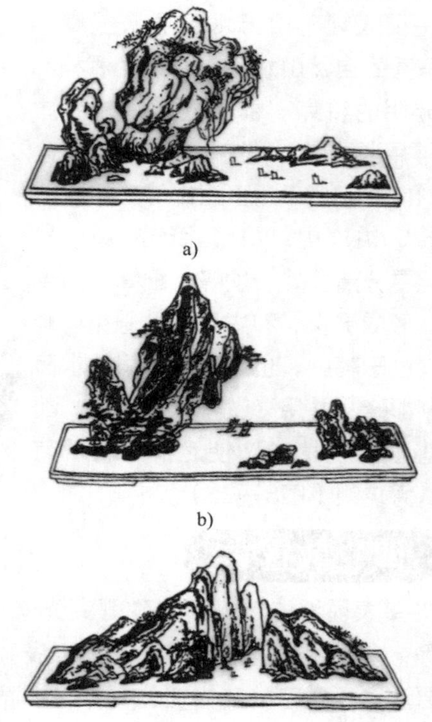

a)

b)

c)

a) 偏重式　b)悬崖式　c)峡谷式

图5—4　山水盆景常见形式（二）

八、倾斜式

主要表现山峰内侧倾斜，危而不倒，具有较强的动感，其特点是稳中有险、静中有动。倾斜式山水盆景制作时，选石至关重要。所选石料的质地、纹理、色泽要一致，不可出现逆向皱褶，倾斜的山峰要有主次，往往主峰前或一侧留出水面，水面配置平矮山石，衬托主峰。次峰沿着主峰倾斜方向倾斜，但要注意其外轮廓线，避免等距排列，应呈阶梯形，左右、前后略有错落，在峰前可配置小峰和平台，以增加层次感。主峰一侧宜倾斜、陡峭，另一侧宜缓稳，避免重心不稳。倾斜不足，则无动感效果，会失去倾斜式山水的特点，故在制作时，应反复比试，以达最佳的动态效果（图5—5a）。

九、象形式

主要表现自然中特定的象形景观，如桂林象鼻山等，具有依物象形、巧夺天工、妙趣横生、回味无穷的特点。象形式山水盆景就是以特定的、众所周知的某一知名景观为范本，选取形态天然、粗具象形的石质进行雕琢、加工组合。其重点突出象形主峰，尽可能利用天然纹理、褶皱、形态，巧作造型，并做适当的艺术夸张，以达到似像非像、取之神韵的艺术效果，而不宜过分追求形体具象（图5—5b）。

十、自然式

取形式多样的自然山石，山峰雄伟壮观、险峻陡峭，或清新秀丽、婉约多姿，采用夸张艺术手法进行造型但不失自然之理。作者在构思时自由发挥想象，任意驰骋纵横，故常有令人叫绝的佳作。当然，这需要作者具有一定的文化素养和扎实的制作技艺功底（图5—5c）。

a)

b)

c)

a)倾斜式 b)象形式 c)自然式

图5—5 山水盆景常见形式（三）

十一、高远式

它是根据透视原理，仰视自然景观而创作的山水盆景，其特点与孤峰式、悬崖式、象形式雷同，都是表现雄伟挺拔、峭壁千仞、气势磅礴的山河风光。高远式山水盆景，一般表现的景观为近景，主峰较高，约占盆长的2/3，配峰是主峰的1/3，以形成强烈的对比和上下主次的呼应。另在主峰半山腰置高平台，点缀房舍、人物，使高耸的山峰与平台形成一种反差，陡缓相间，险夷相间，富于变化，配置植物时可略作夸张，以渲染气氛（图5—6a）。

十二、深远式

主要用来表现崇山峻岭或山清水秀的江南丘陵、湖光山色，具有层次丰富、清新秀丽、景色幽深之特点。深远式山水盆景，多采用多组山峰的组合。在盆内前后、左右进行组排，以一组山峰为主，多组配峰为辅，主峰与配峰之间应前后相连，有前后层次、高低层次的变化，既有近景，也有深远之感，避免“一字”排列。既要起伏交错、呼应，又要有开有合、有断有连、变化丰富。水面前宽后窄，面积不宜过多过大，约占盆面的1/2。另要注意山脉纹理、山脚水岸线的处理及虚实相宜的变化。前山纹理清晰细腻，后山纹理则宜模糊粗放，山脚线要迂回曲折，呈“之”形变化。栽种植物须掌握近景栽树、中景栽草、远景铺苔，以符合近大远小的透视原理（图5—6b）。

a)

b)

c)

a)高远式　b)深远式　c)平远式

图5—6　山水盆景常见形式（四）

十三、平远式

它是根据俯视透视原理来表现千里丘陵，或青山绿水、逶迤起伏的湖光山色。与深远式山水不同的是不注重山景的纵深和层次，而是追求逶迤连绵、起伏多变的低山丘陵，给人以千里江山不尽、万顷碧波荡漾之感，具有清逸、秀丽、舒朗的特点。通常选用软质石料，以长方形、长

椭圆形山水盆景为主。平远式山水盆景表现场面较大，山峰以低矮山峦为主。主峰与配峰之间高低对比不明显，只是略有差异，峰峦左右相连，前后相衬，起伏连绵，一望无边。盆中水面要开阔，约占盆面2/3。山峦坡脚必须与山脉走向相呼应，山脚水线曲折变化，使静止的水面似乎缭绕波动，产生静中有动之感。山峦纹理加工要精细，不能粗犷模糊、平淡乏味。另外，不能栽种小树，仅以草、苔点缀，帆舟一二，点以开阔水面，似有一览众山小的效果（图5—6c）。

十四、壁挂式

壁挂式山水盆景是平挂在墙壁，以山石加工制作，固定镶嵌在大理石、瓷质或轻质金属薄板等板盘或浅盆上，再配上摆件或栽种植物的山水盆景。一般微型植物直接种植在山石隙缝的泥土中，体量较大的植物，则可在底板的隐蔽处钻孔，将容器置于板后，植物穿孔而出，形成景色。

第三节　山水盆景的制作技法

自然与生活是盆景艺术创作的源泉。盆景是大自然秀丽景色和生活情致的再现，制作山水盆景，首先必须熟悉和了解表现的对象。以大自然为师，置身于山巅水崖之间，亲身领略自然山水的千姿百态，掌握各种山形地貌、水系特征，罗丘壑于胸中，“搜尽奇峰打草稿”。其次，还可以从山水画、优秀的山水盆景作品以及风景、风光片中进一步了解自然山水的概况和典型的山水特征。同时学习中国其他优秀的传统艺术，如诗、画、园林、雕刻等，它们都与盆景的发展有着密切的关系并相互渗透、相互借鉴。特别是山水画，对山水盆景的创作影响最深。不但着重构图之完美、刻画之细微，更注意意境的深远新奇，并以富有诗情画意取胜。所以创作必须遵循一定的艺术创作原则、规律，不是把自然景观原形缩小，而是抓住其主要特征及神韵，加以提炼、概括，典型再现景观，使小小盆钵中藏参天覆地之意，展江山万里之遥，给人以身临其境、韵味无穷的感受。

一、山水盆景制作的艺术手法

1. 意在笔先，确立主题

在制作山水盆景时，要先明确表现的主题，把布局的大略设计预先考虑成熟。即采用的山石、树木等诸景物的种类、形态、色彩、质感、体量等，采用哪种造型方法、表现形式、意境效果，都要有所准备、估计。对现有的素材、材料要进行观察、选择、提炼、剪裁。由于受盆景艺术规律的影响，在创作时，根据主题抓住自然景观的特征、特点，突出重点、集中概括、着意刻画，把自然景物中最精彩、最具神韵的部分充分表现出来。对其不足，依照客观规律，艺术地给予补充，使作品表现的景观更典型、更集中，更富生活

情致，更富有个性。

2. 主次分明，层次清晰

在山水盆景制作中，确定主题后，首先要确定主体，突出主体，即作品要表现的中心景物。围绕这个中心，其他景物次之，起陪衬、烘托作用。山水盆景中的主峰，是全盆的重心，在高度、体量上占绝对优势。对主峰的选材、加工是作品成败的关键点，然后再考虑其次峰及配峰。在一盆山水盆景中，只有一个主题，所以只有主次分明，才能避免平淡、呆板，才具有较强的感染力。山水盆景是较为复杂的三维空间构图，既要突出主体，也要注意层次。这种层次角度是多方位的，如峰峦的位置、山石的皴纹、植物的点缀、水岸线的变化、配件的安置等，都应有层次。过多过杂，容易显出臃肿、呆板、杂乱无章；过少则构图松弛无力，缺乏呼应，单调而乏味。只有以主峰为中心，删繁就简，运用山石的纹理、山势走向，形成不同角度、不同层次的变化，才能使作品既紧凑又有层次变化，具有鲜明的层次感，达到多而不散、散而能聚的艺术效果。

3. 虚实相间，藏中有露

山水盆景中的山石为实、水为虚，山水相映，虚实结合，山连水、水绕山，作品才有生气。山水盆景中往往以空白表现水面，空白可以代表江、河、湖、海等各种水景。有了空白，作品才显得空灵，显示清雅，产生联想。虚实是对应的，有实则虚、有虚则实，虚要依托于存在的实中，离开实，就没有虚。所以空白的水面不宜过大，要配上矶石点缀配件，使之虚中有实。反之，山峰太实，则可雕琢洞穴、悬崖等，使其实中有虚。

景越藏则境界越大，景越露则境界越小，要做到藏中有露、露中有藏，如果一览无遗，就会失去山水盆景的韵味。在山水盆景创作中，露中有藏的手法得到广泛的应用，如峰与峰的相互掩映，前后交错；坡脚水岸的迂回曲折；洞壑的幽深，山路、小溪的时隐时现；亭、房仅露一半，树干、树枝从山后峭壁向外侧延伸等。这些方法都能加深作品的层次感，产生深远的意境，唤起欣赏者丰富的联想。

4. 动静结合，相互呼应

山水盆景是在盆盎中静止地再现自然景观。这就要求作者在创作中有意识地制造动势。首先在取材上，主峰宜高峻挺拔、刺破云天，而山脉的走向则宜呈奔趋状。这样才可使景物显得生动、活泼，有气势，有感染力。如孤峰直插云霄、悬崖欲坠、峡壁水道、奔腾急流等均极富动感。另外通过高与低、正与斜、险与稳的对比，人物、舟船的点缀，植物季相的变化来创造生机，使之静中有动，增加作品的动感。在取动势时，注意均衡稳定。结合主峰、次峰、配峰的聚散，平面布局的稳定，使其构图完整。另外，各山峰、植物、配件的呼应，是自然景观事物必然的内在联系。山石、植物一般都有一个朝向。它们之间相互照应、相互顾盼，切不可各自朝向。一盆山水盆景，其山石种类、色泽、纹理、皴褶、色彩等都应一致。配置的植物种类宜1～2种，不宜过多，且形态相差无几。配件的质地、色彩也应一致。只有这样，盆中的景物才能协调，才能突出主题，有层次感，有

呼应，产生美的意境。

中国画论中有“画有法，而无定法”之说，所以以上这些艺术规律和手法是不能生搬硬套的，更不能成为束缚创作的框框，应大胆实践，勇于创新，赋予山水盆景新的多样、统一的艺术效果。

二、山水盆景的制作方式

山水盆景的制作方式通常有两种。一是作者根据自然景观和生活情致而产生的创作灵感，进行构思、立意，确立主题，根据表现的形式、手法进行构图。然后根据设想，寻找相适应的山石、植物以及盆盎、几架、小件等材料，来进行造型、加工、组合。用该方法创作的山水盆景作品，构思清晰、构图完整、主题明确，艺术手法运用自如，意境深远，极富个性。但挑选材料难度较大，所选材料往往不是理想之材，需要千挑百选、精工细作。二是作者根据现有的山石、植物、盆盎、几架、小件等来构思、立意、构图 ，确立主题，进行山石加工、组合、命题。该方法创作的山水盆景作品构图较好，主题准确，能充分运用现有材料的天然形态，达到自然和艺术的完美统一。但由于受材料固定的限制，作品不能完全表达作者对自然和生活的感悟。山水盆景的制作，既要符合自然之理，追求山形地貌的形似，更要表现景观的鲜明个性和生动神态。这就要求作者善于充分利用山石、植物原有的天然形态，因材制宜，再运用艺术的创作手法，熟练掌握山石加工组合技法，并对所表现的景观充分认识，对外形作高度概括、取舍、夸张甚至变形，突出“神似”，以达到以形传神的效果。

三、常见山水盆景制作技法

1. 硬石类山水盆景的制作技法

硬石类因其山石质地坚硬并具有天然形态、纹理褶皱等特点，故不易作太多的雕琢加工。其制作过程、技法如下：

（1）选石。硬石类石料较多，其质地、纹理、色彩也大不相同。其选择要求是：一盆山水盆景中的山石种类、质地、纹理、色彩要一致。所选主峰山石其形态要有个性，或雄奇浑厚、高耸挺拔，或秀丽清新、皱褶丰富，或奇特古怪、形象逼真。根据构思，反复观察、揣摩，了解山石的形态特征，确定适合的形式进行构图。再挑选与主峰山石相呼应的次峰、配峰山石，并确定山石的观赏面、体量、高度等。所以选石也称相石，是制作山水盆景的关键一步。

（2）截锯。根据构图，将选好的山石确定截锯的长度，画定截锯线，正确判断截锯角度，安全使用电动切割机，注意切割方法，避免差错。截锯时，可多留些边角料，以便制作矮山、坡脚、平台和组合山脚、水岸线时挑选应用。截锯也称平底，是对山石的取舍，舍下的山石不要扔弃，要合理使用。

（3）雕琢加工。硬质石料一般不作细致加工，只是对外形轮廓作粗加工。加工时，可用平口锤、钢凿敲击，要求敲击准确，并注意山石纹理的受损情况。如敲击不行，可改用电动工具进行加工，然后用砂轮细细打磨加工痕迹。而山石的纹理、皴褶多采用原天然纹理，很少做雕琢加工。

（4）布局组合。将截锯加工好的山石进行布局组合是制作山水盆景的一个重要环节，也是实现作者构思立意的具体体现。一般先确定主峰的位置。主峰是全景的中心，可由多块山石组成。然后确定次峰，最后确定配峰。在布局时，要注意主峰、次峰、配峰在盆面上的合理性，即平面布局。主峰重心通常置于盆长的1/4～1/3处。次峰或配峰往往在主峰的后侧面或相对应的另一侧，形成不对称的均衡。另外，要注意立面布局，亦即主体布局，主、次、配峰的前后交错、高低变化，使其有层次感。要注意主峰与次峰、配峰间的过渡，加强起伏节奏感。峰与峰之间留有不等的空间和水面，以点缀矶石、船舟等，使作品生动活泼，使人产生遐想。山峰组合时要注意山石纹理、褶皱的协调性，其色彩、质地要基本一致，使其浑然一体。同时也会发现原备好的山石与原构想的不合，或缺少某一特定造型的山石，此时，需要调整构图，重新选石，加工一些石料来弥补。所以，布局组合是一个复杂的过程，需要作者冷静思索，调整构思构图，备足石料，运用艺术手法处理好主与次、虚与实、高与低、聚与散、藏与露、险与稳、开与合等关系，要多角度、多方位地观察，既突出主景又兼顾全景，明确主题，方可使作者的创作理念、创作意图得以完整地体现。

（5）水面。任何一盆山水盆景的水面处理至关重要。其关键是坡脚的配置。坡脚是山体与水面的分界处，又是山石与水面的结合处。坡脚必须与山势纹理走向相呼应，有收有放。通过坡脚与山峰的对比，达到小处见大的艺术效果。坡脚的延伸，也是山脉走向趋势。坡脚是分割水面、形成山曲水折的水岸线，可使空旷、静止的水面产生流动的感觉，形成水面前宽后窄的透视艺术效果。

（6）黏合。将布局组合好的山石，用水泥黏合，使其定型、保存。先将山石用钢丝刷依其纹理洗刷干净，以增加黏合牢度。用记号笔将山石编号，并将其布局组合位置在垫纸上大致画出，以防黏合时走样错位。黏合的材料是水泥，加入颜料、胶水、少量细沙，调制成比山石颜色略深的水泥浆。黏合时，依山石大小秩序，先主峰，后次峰，再配峰。由后向前，由里而外。体量较大的组合山峰可分组黏合，其底部也用水泥黏合在一起以增加牢固度。山石间的水泥接缝，等水泥略干后即可用毛刷或小锯片清刷，使水泥接缝不易看出。在山石间隙较大处或山石之后可留置植物穴，以便配栽植物。黏合后，不宜搬动，并要经常洒水做好保养。待保养期过后，用小锯刀清刷石面、缝隙及边缘的水泥痕迹。

（7）配置植物及摆件。这是增加作品生机、丰富山水盆景内容的一个重要组成部分。中国画论中有“山为体，石为骨，树木为衣，草为毛发，水为血脉，寺观、桥梁为装饰也”之说，较为形象地揭示了植物、摆件与山水的关系。同样，没有人的活动，气氛会冷清，山寂地荒，缺少生命力。因而山水盆景的植物、摆件的配置是不可缺少的。植物配

置应根据题材、山形、布局等各种因素，并要符合自然规律和透视原则，近山栽树，远山植苔，下面种大树，上面种小树，并注意疏密关系。同时应选用植株低矮、叶片细小的树种。注意植物与山石的比例关系，也可对近景采用夸张手法，适当对植物进行夸张。配件应“因景制宜”，服从景观的环境需要，山腰可置亭、寺，林中、崖边、平坡可置村舍，水面开阔处可置帆船等。配件的位置要符合生活规律，要注意配件的大小比例、透视关系，了解“丈山、尺树、寸屋、分人”的比例关系，掌握以少胜多、露藏适宜的布局原则，以起画龙点睛的作用。

（8）题名。这是中国盆景艺术独特的表现形式。通过给作品题名，可以扩大和延伸盆景艺术的外延和内涵，起到点明主题、深化意境、提高作品的思想性和艺术性的作用。题名要求高雅、贴切、形象、生动、含蓄，使作品大为增色，增加艺术感染力。

2. 软石类山水盆景制作技法

软石类质地松软，缺少硬石的天然纹理、皱褶，主要依靠雕琢成型。其制作过程分选石、截锯、雕琢、布局组合、水面处理、黏合、配置植物与小件、题名等工序。

（1）选石。软石因没有较好的纹理，没有奇特的山形，通常选不等边三角形的较大石块作为主峰，其余的配峰、碎石与主峰的质地、颜色相同即可。

（2）截锯。软石质软，截锯较为容易，通常用钢锯、手锯即可，注意底部边缘不要受损。

（3）雕琢。雕琢造型是软石的制作重点。整个山峰的形态、纹理、皱褶都要通过雕琢完成。软石雕琢加工分为外轮廓线和内轮廓线两部分。

外轮廓线的加工是指山峰的外形雕琢。根据制作的主题、山石的质地，用尖锤雕琢山石轮廓，要求轮廓线清晰粗犷、起伏变化。掌握近景观其质形，远景观其外形，上观其峰、下观其山脚的艺术手法。大胆、准确、熟练地敲击加工。要注意与山石原来的结构、质地相吻合，尽可能利用山石中的硬质部分。

内轮廓线的加工是指山石的纹理、皱褶的雕琢。可参考我国山水画技法“皱法”来进行。雕琢峰峦丘壑的山形地貌时，用尖的琢镐、钢锯片等工具，利用原来石料的纹理加以发挥、改造。注意纹理的深浅、粗细、曲直、断续、分合的变化，避免雷同。先主后次，先大后小，先上后下，先浅后深，先细后粗，逐一完成。另外，雕琢时，在山石下垫上橡皮垫，以免雕琢震动损伤山石，还可雕琢植物穴以便配置植物。

（4）布局组合。软石山水盆景的布局组合方法与硬石类相同。所要注意的方面是，软石底面较大，应根据盆面大小，合理修饰山脚，使其满而不臃，还要处理好水岸的曲折迂回。

（5）水面处理。软石山水盆景的水面处理原则与硬石类相同，只是矮山平坡的雕琢更为容易。使水面处理更为活泼、生动，得心应手。

（6）黏合。软石类黏合是先将山石的石屑冲洗干净 ，去除苔藓、泥土。因软石吸水性较强且表面粗糙，所以调制水泥时加细沙，用水搅和。山石接缝处较大，可用该山石石屑撒于接缝水泥上，使水泥接缝不易看出，浑然一体。

（7）配置植物及配件。软石吸水性强，植物极易成活。其质松软，有利于植物根系生长在阴面凹处，可用孢子繁殖方法铺苔，使其自然。其他方法与硬石类相同。

（8）题名。软石类山水盆景的题名与硬石类相同。

实训七　斧劈石盆景的制作

斧劈石盆景制作如图5—7所示。

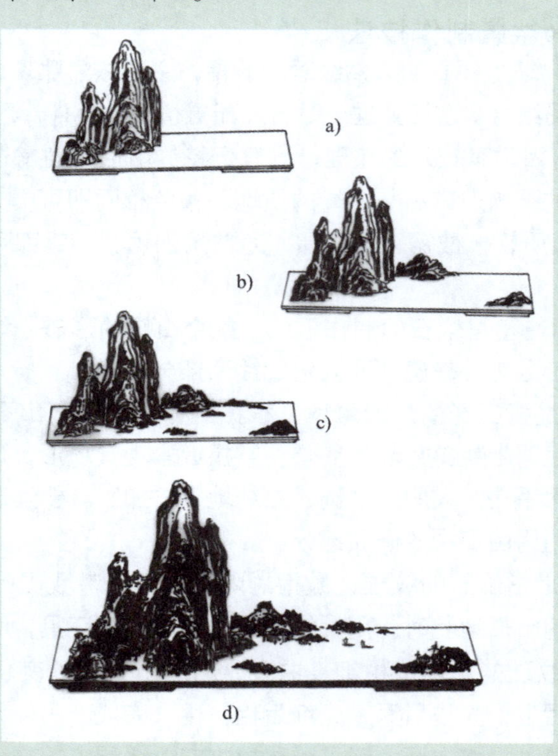

a) 主峰布局组合　b) 次峰与配峰的布局组合
c) 坡脚与水面的布局　d)植物配置与配件摆设

图5—7　斧劈石山水盆景制作图解

一、材料

灰黑色斧劈石数块，60 cm长方形水石盆1只，水泥、铁黑粉、胶水等少许。

二、工具

扁平锤、宽平口凿、砂轮、钢丝刷、切割机、毛刷等。

三、制作加工步骤

（1）选料。选取50～60 cm长、3～4 cm厚的条形。石料3～4块，以及较短、薄的石料（略可多些）。

（2）雕琢加工。用宽口凿子或扁平锤，先加工主峰，将石料正面凿出外形，再凿出层次。可从石料背面向前一层层凿去后面直角，这样正面既形成层次，又不易爆口，产生山峰形状及山峰陡直纹理。修饰纹理时，应宽细相间、深浅不一，注重变化。山石定型后，用切割机锯平底部，注意平底角度。然后加工次峰、配峰、坡脚、小岛、小山等，方法同主峰相同，其纹理方向同主峰一致。

（3）截锯。先确定主峰长度为35～40 cm，次峰略低于主峰、配峰，为主峰的1/3左右，其他峰石，根据布局组合需要，截锯成不同长度。另外，坡脚、小岛、矶石、平台可多截锯些，以备布局组合时用。

（4）打磨、清洗。将截锯好的石料，用三角砂轮沿着纹理、层次仔细打磨，细纹用小砂轮，放在水中打磨，边磨边洗，使纹理越磨越深、层次丰富，再用平磨石轻轻磨去石纹上的毛头，然后用钢丝刷顺着纹理反复洗刷干净。其作用是磨去人工雕琢痕迹，使山石纹理自然。

（5）布局组合。将打磨好的山石清洗干净，根据构思立意构图。先组合主峰，主峰石位置在盆长的15～20 cm处，采用“之”字形，配置其他山峰。次峰配于主峰的一侧后面，增加层次感。注意主峰的高低起伏，可在主峰石前配置矮峰，与主峰形成强烈的对比。在盆的另一侧布局配峰，配峰要求简洁，不能烦琐。在两峰空间水面，可布局低矮小山。另外处理好山坡、水岸线的变化。

（6）黏合。用水泥、黄沙、胶水、铁黑粉调制黏合剂，在玻璃上铺上纸，先黏合主峰，后次峰、配峰，从后向前黏合，从大到小黏合，每一组山峰底部都用水泥连接成一体，注意留置植物穴，清除山石接缝处多余水泥，并用毛刷反复洗刷。减少人工痕迹，黏合好后，不可移动、震动，以免破损。注意经常洒水保养。

（7）配置植物小件。主峰山腰可栽植叶小、低矮植物。配峰可栽种草苔。主峰下矮山上可点缀村舍，坡脚边可置水榭。水面开阔处，可置帆船一两个。

（8）题名。根据构思、立意、构图及现有作品形式，恰当题名，以达点题目的。

第四节　山水盆景佳作赏析

一、夕阳西照

材料：海浮石

作者：汪彝鼎

海浮石属于软石类石种，其制作不同于硬石造型，主要靠雕凿手段，要求加工一次成型，必须做到“意在笔先”。用软石类材料进行创作，完全靠个人对大自然的想象力、观察力，要有丰富的造型技巧与构图能力，包括对石材的把握能力。软石造型可分为近景式造型和远景式造型两大类，近景式常表现悬崖、峡谷，远景式则多以全景式平远山水为主。此作品属于远景式造型，是写意与写实的结合，是反映了整个远山全貌的全景式构图。它以平远山水为布局，借鉴中国画中的皴法来表现山体脉络，山峦起伏，低排而秀丽，峰与峰之间过渡自然、纹理统一。夕阳西照，青山依旧，渔歌唱晚，而将古塔置于次峰之上，远看塔影，近看渔村村落，好一派田园牧歌式的诗意境象，不愧为创作功力极厚的山水盆景佳作。

二、千峰舞太空

材料：网丝石

作者：乔红根

群峰式山水盆景多表现大自然千山万壑、群山峥嵘、群峰插天的景象，在布局上多采用多组山峰所组成的深远景观。此作品三组山峰在平面布局上采用较为传统的不等边三角形布置，主山置于盆的左侧，山形挺拔峻峭，突起于群峰之上，周旁峰峦叠嶂，更显出壁立千仞的非凡气势；客山与主山互为对峙，而峰脚临水处用石矶作铺垫烘托，通过竖横对比，既衬托出山峰的峻峭，艺术效果显著，又加强了山体与水面的联系；衬山则置于主山侧后，作山脉延伸状，余脉低排隐现。综观此作品，大小山峰高低错落、聚散有度，整体布局自然、比例恰当，有千峰竞秀的意境。由三组山体所形成的两水汇流，自然而贴切，更有一叶扁舟顺流而下，富有生趣。值得一提的是，其植物配置较为得当，平添了几分生机。

三、大江东去

材料：英石

作者：盛定武

凡作画意在笔先，“大江东去浪淘尽”，作品立意鲜明。作者选用了中国四大名石——广东英德石作为创作素材，这一石料质感浑润、纹理细腻、颜色厚重，有利于主题表现。在布局上，为突出主题，特选一块体量不高但山形起伏动态感强的主峰石。在主峰石的前后，配以数块大小不一的石块，组成一个有前有后的主体景观。左边配置了一组和主体景观形态统一的配峰。山体上配置的小植物，赋予了盆景生命力。作者围绕“动”做文章，寓意积极向上、勇往直前的人文精神。

四、岁月峥嵘

材料：千层石

作者：盛定武

宋代的王珪说：“岁月峥嵘，而屡更精力勤劳”。作者采用全景式的手法，左边主峰以近景式横空出世，悬崖峭壁顶上老树横生，藤蔓悬挂；配峰（中景）和主峰遥相呼应，高度则不到主峰石的一半，对比强烈，尤显主峰的雄伟险峻，主峰后面的次峰（远景），突出画面的深度和完整。在石料选择上，选用常见的千层石，这一石料在技法处理上，最能表现横纹堆叠。作者就是利用这一石料的自身特点，因势利导，创作出气势磅礴又寓意不平凡的作品。

五、又逢相聚时

材料：大花玉石、大阪松

作者：苏州拙政园

双峰对角式山水盆景多为3~4组峰石组成，其基本形式则常在盆的两侧布置两组体量较大、大小不一、前后错置、以小衬大的峰石，常将水面分隔成“Z”字形，中后部再用1~2组很小的山石作远山布置，具有平远的特点。此作品主山采用一大块大花玉石作盘陀石状，周边以块石衬托，并逐层而下，延至岸边水际作石矶状，具有较强的层次感。盘陀石旁，高松挺拔，虬枝苍翠，意出迴表，“树依石而坚，石依树而华”。配峰低矮而浑厚，以衬托出山峰的高大俊秀。主山侧后点衬一小石组，从而营造出深远之景。整个布局显得景面开阔，景色幽远。主山腰间的盘石上点缀了两组人物，或品茗对弈，或相聚互问，细语如闻，远处白帆点点。作品以情写景，以景抒情，颇具创意。

六、层峦叠翠

材料：斧劈石

作者：苏州留园

层山远嵯峨，峰峦多峻峭，叠上千仞壁，翠微丛丛抛。作者采用极普通的石种——斧劈石来创作，恰好最能表现本作品的意境，可谓匠心独运。在长方盆右边，由四组高低不同的峰峦组合竞秀的山体，左边配置一组小山峰加以呼应衬托，成为全景式的画面。山体之间的植物配置丰富，比例适宜，隐现出郁郁葱葱的生命力，勾勒出一幅长卷山水画。

七、凌云

材料：千层石

作者：无锡吟苑公园

作品利用千层石的横向纹理进行竖向造型，具有自然风化的节理构造，以显示出山体高耸插云之姿，奇险无比。在造型上利用千层石这类沉积岩的层理构造进行拼接，从而形成谷口和洞壑状的阴影，使作品更富有立体感。主峰巍岩峭立，绝壁万仞，似乎鸟迹罕至，确有凌云之感。山体浑厚峻峭而不失空灵，山脚下群峰盘互，曲水潆回，仿佛一气呵

成，不露做手。山体上的虎刺偃仰参差，栩栩若舞，更显示出山高凌云之势。

八、湖上奇峰卷夏云

材料：英石

作者：朱文博

此作品选用一块天然完整、险峻剔透的英德石为主峰，采用孤峰式的处理形式，放置在一个直径80 cm的大理石盆中。孤峰式的创作手法，在山水盆景中极少采用，它对主峰石的要求极其苛刻，造型要简洁明了，越简洁越难创作。在创作技巧上，通过准确的截锯，保持主峰的重心稳定，山脚衔接得体，与主峰浑然一体。点石的运用发挥了强烈的对比作用。植物配置有层次感，比例恰当。整体上塑造了一幅奇峰临空翻江倒海的宏伟气势，颇有“湖上奇峰卷夏云”的意境。

九、雪霁图卷

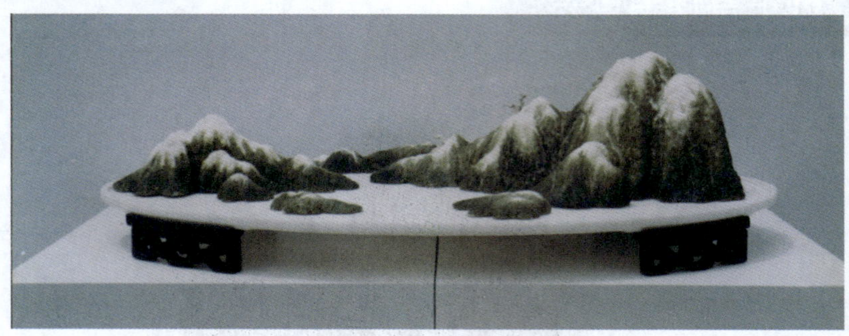

材料：海母石

作者：汤坚

作者借鉴唐代王维画意，承继传统中国山水画技法，运用点、线、面，再造了山体的基本骨架与体积感；多层次夸张的绿色与不规则海母石顶部的白色，渲染了雪霁连绵群山的自然美态。

“无中生有”软石盆景创作技法凸显作者娴熟的技艺。该作品获第五届全国盆景评比金奖。

十、武陵神韵

材料：砂积石

作者：李成翔

这是一幅用砂积石精心创作而成的壁挂式盆景，犹如一幅精致雅淡的中国山水画作。右下主景（近景）占据了近一半，由蹬道拾级而上越过山口，仿佛就会转入晋代陶渊明笔下的武陵桃花源中。山口两侧峰峦层叠，杂树丛生；山口内云雾缭绕，如同仙境。山口左侧则由山后两溪流汇聚而成，穿越天桥奔流而下的一条瀑布挂于前川，与上蹬的小道一下一上，一动一静，恰成对比，并使宁静的画面中寓有动势。背景以突兀的山峰做衬托，更显远山隐隐，层次分明，意境深远。作者以盆为纸，以石为绘，精心布局，峰石雕刻细致精当，塑绘兼施，植物配置细腻，白云层雾，写照传神，赋予其中国山水画般的个性化艺术生命，着实令人神往。

思考与练习

1. 山水盆景的常见形式有哪些?
2. 山水盆景中的常用皴法有哪些?
3. 山水盆景中的植物配置应注意哪些问题?
4. 自拟出10个山水盆景的景名。

第六章　树石盆景的制作与赏析

学习目标

◆掌握树石盆景的常见类型

◆掌握树石盆景制作的基本技法

◆能对树石盆景的植物进行修剪与养护

顾名思义，树石盆景是以植物、山石为主，衬以摆件组合而成，是兼得树木、山水盆景之长的盆中景观艺术，所以习惯上也称之为水旱盆景。

人们称盆景是“以树木、山石为素材，经过艺术处理和精心培养，在盆中集中典型再现大自然神貌的艺术品”。树石盆景形集树木与山石于一体，形式活泼、灵活，可以充分表达景观的效果和作者的情感，也就是通常所说的“诗情画意”，从而显示出它独到的优势。在国内专项的盆景评比展览中，树石盆景作为一种类型和形式被列为评比项目，现已被盆景界公认为继树木、山水盆景后的第三个盆景类型。

树石盆景源于何年尚无考证，但在一些史书中可以找到它们的雏形，如清康熙年间陈淏子的《花镜》、嘉庆年间沈复的《浮生六记·闲情寄趣》等都有由树木和山石点缀形成的树石盆景的记载。

新中国成立后，周瘦鹃先生以历史名画为蓝本，创作了一批树石盆景作品，如仿沈石田的《鹤听琴图》、唐寅的《蕉石图》、齐白石的《独树庵图》，以及反映人民生活水平提高的《田家小景》《放牧图》等。

20世纪80年代以来是树石盆景独有建树的时期，许多盆景创作者怀着对生活的热爱、对盆景事业的热情，创作了诸如《八骏图》《古木清池》《小桥流水人家》《风在吼》《海风吹拂五千年》《柳村诗话》等一大批佳作，无论从构思、布局、创作的效果，还是制作技艺、表现形式和手法等，都代表了这一时代树石盆景创作的最高艺术水准。

第一节　树石盆景的立意与构成

一、树石盆景的立意

众所周知，树石盆景这种盆景艺术形式的最大特点是能充分表达意境，既有艺术性，又有强烈的观赏性。就树石盆景的创作而言，途径有二：一为胸有丘壑，因材制宜，

因材造景，因景造景，因景命名；二为立意为先，依题选材，按意布景，造景抒情，以形传神，无论前者、后者，均以“立意为先”。

所谓立意，就是树石盆景创作之初，先要构思好作品的意境。那么何为意境？所谓意境，历来各家都有很多说法，虽措辞不同，但大意却是基本相通的。中国现代著名国画大师李可染先生说：“意境是客观事物精粹部分的集中，加上人的思想感性的熔铸，经过高度艺术加工达到情景交融，表现出来的艺术境界，也是诗的境界。”李可染先生虽是论画，却对意境作了最精确的注解。

树石盆景中的意境是盆景艺术家的思想与情感，在创作中同客观的树与石等景物相统一而产生的境界。意境是艺术家与山石树木等景物主客二者的有机融合。意是盆景艺术家的思想、情感、修养、审美、意趣，这种思想、情感、修养、审美、意趣必须借山水、奇石、树木、亭榭等所构成的一种“境”来展现与表达，也就是说，树石盆景艺术家所创作出来的景，已不是普通的自然环境，而是注入了盆景艺术家的思想感情的一种艺术境界，称为意境。意，是情感、学识修养与理智的结合；境，则是形体与神韵的统一。“情与景汇，意与象通”，正是在这些相互矛盾、相互制约、相互融合的统一体之中体现出意境的特性。树石盆景作品中意境的产生，使观赏者感到了言外意、画外音。

古人云“意在笔先”，又云“意犹帅也”。意境的关键之处，就在于“意”。因为树石盆景之中，境的产生是由意来主导的，境是载体，意是主题，境完全是为意的需要而存在而创造的。再则，境有穷而意无尽，树石盆景，其艺术形式虽较树木、山水盆景所表现的范围广，但其表现境的范围还是有一定限度的。但是，境一旦与意融合为意境，便像插上了思绪的翅膀，可纵横万里，驰骋寰宇，超越时空，无穷无尽。树石盆景艺术家创作的素材是有限的，但是艺术家的创作力与想象力，则如长江、黄河滔滔不绝，源源不断，且因人而异，千姿百态。立意高则意境高，立意深则意境深。

如果说立意是确立树石盆景创作的意境，那么意境是靠作品中的主题与题材来表现的。因此在盆景创作立意之时，就必须对主题与题材进行统一的考虑。作者只有深入生活才能胸有丘壑，腹满泉林，才能运用自如地选择题材，确立主题。大自然景象万千，既可对真实生活、风景名胜作具象的描绘，也可追求神似，高于自然作抽象表达。只要深入自然、观察自然、理解自然就会使我们激情满怀，如春潮涌现，信手拈来都是好“题”。如盆景佳作《风在吼》，作品以灾难深重的旧中国为时代背景，立足于表达中华民族在那危难时刻，不屈不挠、万众一心、团结奋战的精神，作品呈现一派悲壮雄烈的意境；又如另一佳作《海风吹拂五千年》（图6—1），作品以1997年香港回归为背景，作者把自己的爱国思想融入作品，立足表现中华民族五千年沧桑，特别是近百年来贫穷落后而奋起斗争，逐渐繁荣富强的历程。作品的立意核心就是爱国主义精神。

图6—1　贺淦荪《海风吹拂五千年》（对节白蜡、龟纹石）

二、树石盆景空间与平面的构成

树石盆景的最大特点，是创造意境。意境创造，要巧于布局，才能达到要求。法国雕塑家罗丹曾经说过："艺术就是感情，如果没有体积、比例、色彩学的知识，没有灵巧的手，最强烈的感情，也是瘫痪无力的。"

1. 树石盆景空间与平面艺术表现原则

树石盆景具有如诗如画的特点，要使作品产生这种艺术魅力，不仅要认真理解和学习大自然，还必须灵活运用各种艺术表现手法，达到既丰富多样，又协调统一的艺术效果。

（1）主次分明。在树石盆景的布局中，首先是要分明主次、突出主体，先要确定主体的形状、位置、体量等，然后再考虑其他景物的安排。在作品中就整体而言，或树木为主，山石为次；或山石为主，树木为次；或右侧为主，左侧为次；或左侧为主，右侧为次。就局部而言，也应分出主次高低。总之，局部统一服从于整体，从而使主体突出，主次分明。

（2）虚实相生。中国古代哲学家认为宇宙就是虚和实的结合，虚中有实，实中有虚，虚实相生。树石盆景要真实、生动地反映大千世界，就必须遵循虚实相生这一事物固有的规律。

作品中的景物，往往既有树木山石，又有水面旱地，虚实关系较为复杂。就空间而言，空间为虚，景物为实；就树木山石与水面关系而言，树木山石为实，水面为虚。布局之法，应该虚中有实，实中有虚，从而达到虚实相生。

（3）疏密得当。疏密关系的处理是中国传统艺术结构的要点。树石盆景的造型和布

局，必须做到疏密得当。如果景物的造型过密而不疏，就会使人感到紧张窒息；过疏而不密，则又会显得松弛无力。任何艺术都有其内在的节奏和韵律，疏密得当的布局，会使作品产生音乐般的节奏变化。

在作品中，如果将几株树均匀地排列在盆中则呆板缺乏生气，而经过疏密处理，有聚有散地布置盆中，看起来就像一片丛林。同时也更为符合自然，因为自然界的景物本来就是富有疏密变化的。在树石盆景的布局中，有的地方要疏，有的地方要密，无论是树木的间距、枝干的取舍、露根的处理，还是山石皴法、位置及水岸线的变化等，都要注意疏密。疏处与密处应间隔安排，同时还要做到“疏中有密，密中有疏”。至于分寸的把握，全在艺术家艺术实践经验的积累。

（4）粗中有细。树石盆景中的布局，既不可有粗无细，也不可有细无粗。优秀的作品应该做到粗中有细，只有这样方能突出重点，对比鲜明。作品布局开始，首先要从大处着眼，将最粗大的树、石准确定位，以便把握全局。在大结构确定后，再细心收拾，表现出各个部分的细节，同时酌情调整大形，这样由粗到细，既能突出局部重点，又不失整体气势。

（5）轻重相衡。在现实生活中，人们通过视觉感受形体或色彩，就能够根据生活经验获得轻重感，这种现象反映在盆景艺术中，也会对不同的景物形成不同的轻重感觉。当然这种感觉只是心理上的，并不等于实际的轻重。一件作品要使人们获得心理上的平衡，就必须做到轻重相衡，也就是均衡布局。但在树石盆景中往往采用的是不对称均衡，因此在作品中，主景不宜设于盆之正中，而应稍向左或向右。盆中往往主景一侧景物较重且集中，而配景一侧的景物宜较轻且分散，水面、坡地、点石、摆件亦应遵循轻重相衡原则。

2. 树石盆景空间与平面构成

一切事物无不充满矛盾，我们要抓住主要矛盾，充分理解其辩证关系，既相互对比，又相互转换、相互制约、相互依存。一切结论总是在相互比较中得出。树石盆景空间与平面关系，也可通过典型事物的研究，在实践中加以论证。树石盆景中往往由树木构成主要空间，这里特以树干组织法为例来阐述空间与平面构成。

如果只以两树来进行布局，只能显示上下、左右、前后、大小、远近、浓淡之分，而不能显示疏密、聚散、藏露、虚实之别。只有以三树及以上的布局，才能通过其矛盾的相互转换、相互依存，来展现上述效果。所以研究树石盆景的空间与平面构成可以从三株树木的组合着手，因为它具有矛盾变化的基本特征，充满多样统一的哲理。“三树组合法”是五树、七树乃至多树组合，皆可触类旁通。

（1）三树组合法。树石盆景平面与空间构成的基础。

三树组合法是指三株高矮、大小、树龄相近的树组合而言的，弄清它们的相互关系，由近及远，由表及里，逐步深入，循序渐进，则多树组合、多种树组合均可迎刃而解。现就三株树木的作用、效果、位置安排等作一讲解。

1）主树。为丛树之首，居主帅之位，宜气宇轩昂，神采醒目，树形强健有力，气势冠于全局，宜置于盆长1/3处，盆面横中心线1/2偏后（或偏前）处，主树高度为确定诸从树高低之依据。

2）副主树（或称副树、次主树）。其形与势皆近似主树而稍逊于主树，位置应与主树相随，而不能远离，与主树构成统一势态，旨在壮大主树阵容。它在主树与客树的矛盾中，是对主树的坚定支持者、拥护者，起举足轻重的作用，绝不能随意保持中立或站在客树一边与主树抗衡，造成重心变位、喧宾夺主之势。

3）客树（或称宾树）。其形与主树相比，可由统一转向变化，其势取“动”，与主树形成“直”与“斜”和“静”与“动”的对比。客树、副主树都必须服从主树，都有突出主树之责，但也各具功能，绝不能随意相从。它对主树而言，应具有相对的独立性，并与主树的位置保持相应的距离，以形成一定空间，只有如此，才能打破平列局面。主、客空间的构成促使画面产生轻重、虚实、动静、疏密、聚散、藏露、争让、顾盼、变化统一、丰富多彩的艺术效果。客树一般位于盆面的另一1/3处左右，这样三树位置形成二树聚、一树散，无论高低位置，还是盆面位置均形成不等边三角形的构图格局，从根本上打破了平列，避免了呆板现象，使画面富有变化，使构图趋于完美。

三树位置在突出主树、主客分置的前提下，主树与副主树前后位置可调换，从而副主树与客树的彼此高度也应相应变化（图6—2、图6—3）。

图6—2中副主树高为主树的3/4，客树为主树的2/3，图6—3中副主树高为主树的2/3，而客树高为主树的3/4。以上数字仅供参考，在实践中要形随意定，因材制宜。

图6—2　三树组织法（一）

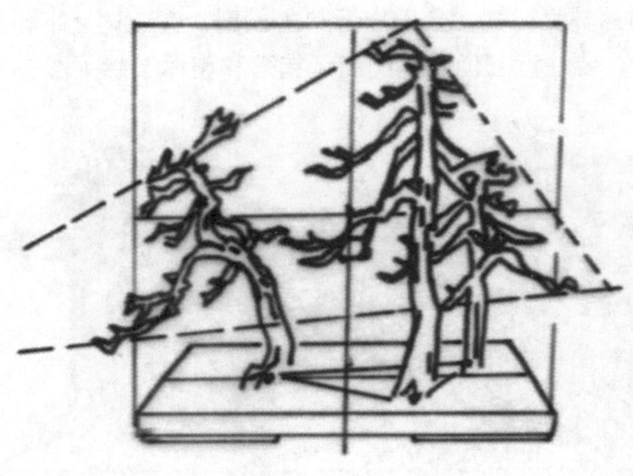

图6—3　三树组织法（二）

（2）多树组织法。三树组合，是为基础；由简到繁，用增添补衬之法可发展到五株、七株、九株等奇数。所谓“衬树”（或称补树、添树），是在三棵组合的基础上进行的多树组织法。它对充实内容、烘托气氛、扩大空间起着决定性作用。衬树选材宜合适而精练，许多树石盆景制作皆败于衬树选材欠推敲，致使全局功亏一篑。衬树之高低比例分为三类：

第一类是以三树组合法为基础，增添衬树，一般在主树高1/2以下，其余以此类推，如五棵、七棵等（图6—4）。

图6—4　多树组织法

第二类是大型多树丛林之衬树，分别靠近其主、副、客三树之下，形成主树丛、副树丛、客树丛以及远树丛。要注意它们之间的高低错落和整体美感（图6—5）。

图6—5　三组树丛组织法

第三类是杂木丛林。如果做杂木丛林，则衬树既可做近景矮树，也可做远景大树，当按透视原理严格加以区分，严防大小兼生、老幼兼长、大小远近失调和透视的极度夸张。

多树组织法变化多端，但两个“不等边三角形”构成法基本不变，必须依其透视原理适当调整、综合灵活运用，不要过急消失盆内，或把树冠强行控制在盆内。

（3）树石盆景空间与平面组织的一般表现形式

1）单树丛组织法。以“三树组合法”为基础，逐步加多、加大、加深空间，要求整体画面浑然一体。

2）双树丛组织法。将单丛林分主宾之势，逐步增强为双丛林。也可将丛林分为近景和中景，作远近之分，要求主宾呼应，远近相适（图6—6）。

图6—6　双树丛组织法

3）三树丛组织法。在主宾式基础上，中心处加设远丛林，使主宾双方气韵相通，形成一气，有开有合，故称开合式。要求三景分明，生态相通。

4）综合丛林组织法。指多种组合方式的结合运用，要求具有自然特色，从有法到无法，形随意定，景随情出，综合运用（图6—7）。

图6—7　综合丛林组织法

第二节　树石盆景的常见形式

树石盆景就其形式而言，以“树为主，石为辅”这种形式最为常见，亦有“偏重山石，树木衬托”的形式。一般就其表现的景观可分为旱盆景、水旱盆景和附石盆景三大类。

一、旱盆景类

以植物、山石等为素材，分别应用创作树木盆景、山水盆景的手法，按立意组合成景，并精心处理地形、地貌，点缀亭榭、牛马、人物等摆件，在浅盆中典型地再现大自然旱地、树木、山石兼而有之的景观。

旱盆景不同于树木盆景，是旱地（地形、地貌）、树木、山石兼而有之景观，意境幽静，如诗似画。旱盆景依其所表现的不同意境，可分为自然景观型和仿画景观型两种。

1. 自然景观型

再现大自然孤木、疏林之旱地，树木山石兼而有之的自然景观，自然景观型旱盆景意境幽静，迤逦高亢（图6—8）。

图6—8　自然景观型

2. 仿画景观型

仿中国画意，再现大自然孤木、疏林之旱地，树木、山石兼而有之的自然景观，仿画景观型旱盆景意境古朴，如诗似画（图6—9）。

图6—9　仿画景观型

二、水旱盆景类

以植物、山石、土为素材，分别应用创作树木盆景、山水盆景的手法，按立意组合成景，并精心处理地形、地貌，点缀亭、榭、舟车、牛马、人物等摆件，在浅盆中注水，

典型地再现大自然水面、旱地、树木、山石兼而有之的景观。

水旱盆景是结合树木盆景、山石盆景之长，意境典雅，如诗似画，水旱盆景依据表现的手法，又分为水畔型、溪涧型、江湖型、岛屿型、综合型五类。

1. 水畔型

再现大自然溪畔两侧的自然景观，水畔型水旱盆景意境幽静，如诗似画（图6—10）。

图6—10　水畔型

2. 溪涧型

再现大自然山林溪涧自然景观，溪涧型水旱盆景意境纵深，听泉嬉水，颇具清幽之妙（图6—11）。

图6—11　溪涧型

3. 江湖型

再现大自然江河湖泊远景的自然景观，江湖型水旱盆景意境开朗，落霞、孤鹜、远帆跃然盆中（图6—12）。

图6—12　江湖型

4. 综合型

综合再现大自然水面、旱地、树木、山石兼而有之的自然景观，综合型水旱盆景表现内容、题材广泛，意境典雅深邃（图6—13）。

图6—13　综合型

三、附石盆景类

以植物、山石、土为素材，分别应用创作树木盆景、山水盆景的手法，按立意将树木的根系裸露，包附石缝或穿入石穴之中组合成景，并精心处理地形、地貌，在浅盆中典型再现大自然树木、山石兼而有之的景观。

附石盆景依树木根系包附石缝或嵌入石穴所表现的不同意境，分为根包石型和根穿石型两型。

1. 根包石型

再现大自然树木根系包附石缝，树木、山石兼而有之的自然景观，根包石型附石盆景树石相得益彰，凌空欲飞（图6—14）。

图6—14　根包石型

2. 根穿石型

再现大自然树木根系穿入石穴，树木、山石兼而有之的自然景观，根穿石型附石盆景树石相得益彰，显示强大的生命力（图6—15）。

图6—15　根穿石型

第三节　树石盆景的制作技法

一、旱式树石盆景制作技法

将多株树木丛植于一盆，通过合理布局和运用裁剪蟠扎等手段，使作品表现出生动和谐的群体美，可给人以山野丛林的意境。

1. 选树

要求树木姿态自然，不强求每一株的树形都很完美，但要求大的风格基本相似，又各具特点。如果将不同树种栽植在一起，则要求具有一定的共性，特别是姿态要求基本相似。一般旱式树石盆景选树宜瘦长一些，不宜太奇，在淡雅中得趣。所选树木最好是经过盆栽培养有成熟根系的树木，常用树种有各种松柏类植物、红枫、六月雪、榆、雀梅、福建茶等。丛林式盆景表现的景观较为宽阔，所以一般宜选用浅口长方形或椭圆形盆，盆钵一般有排水孔，极浅盆例外。浅盆不仅体形美观，而且使树木显得高大挺拔。

2. 脱盆剔土

选好树木脱盆后，用竹签细心剔去根球上的部分泥土，适当剪除有碍种植的树根，不宜剪除的，应作适当绑扎弯曲处理。根系发达的树根，可剪除部分须根。

3. 树木试放定位

根据本章“树石盆景空间与平面的构成”所给出的原则和方法进行。

4. 修剪整形

修去枯、弱、徒长枝，然后根据试放时的观察，剪去过密、重复以及影响整体效果的枝条。

5. 入盆

用薄瓦片或塑料纱网垫好排水孔，撒上一薄层细土，然后布置树木，覆土并填实。盆内土面最好起伏自然，不要太平坦。

6. 点石布苔配件

旱式树石盆景常点缀石头，所选石头要与树木气韵相通，色调调和，相映成趣。土面上布苔能使树石浑然一体。有的还可配置与盆景内容一致、比例适当的景物摆件。

二、水旱盆景制作技法

水旱盆景的制作，必须先掌握树木盆景与山水盆景的基本技术，再注意下列步骤：

1. 选盆

一般采用浅口盆，质地以汉白玉、大理石为好，也可用陶瓷，但内层不可涂釉。形状以长形或椭圆形较为合适，使景物视野开阔。

2. 分水旱

制作水旱盆景的关键步骤：一般用水泥将经过构思和加工的山石黏合于盆中，既作山景或石景，又可隔开水面与旱地，使它们互不透水。旱地部分开气洞垫纱网，置土栽培植物；水面部分要防止漏水。水岸线宜高低曲折多变，有藏有露。

水旱盆景中的山石多用形态自然的硬质石料，如龟纹石、英德石、太湖石等；亦可用经过雕琢加工的松质石料，如沙积石、芦管石、浮石等。用松质石料必须在近土一面抹满水泥，以免透水。

3. 栽种植物

水旱盆景可栽种植物的地方往往较小，且地形复杂，因此须特别注意种植技术，对树木根部进行剪裁和弯曲加工，树木的栽种位置、角度、疏密等必须仔细斟酌，务必与山石成为一体，宛若天然。还要根据整体造型的需要，堆出起伏的地形来。土与山石过渡要自然，有整体感。在土面与树根处还可散埋一些山石，其安放要注意疏密、聚散、高低、衔接的变化，最后在土面上铺青苔，既作为点缀，又可以防止浇水时将土冲掉。

水旱盆景中的植物宜选小叶的杂木树种，如榔榆、雀梅、六月雪、虎刺、鸡爪槭、瓜子黄杨等，并加工成自然的大树形态；可丛植合栽，亦可孤植。

4. 安置配件

水旱盆景中，常用各类配件（车马、人物、亭、榭等）点缀，以突出主题，增添情趣。

5. “旱盆水意”的作法

即在作旱地的部分堆土栽种植物和布置山石，作水面的部分凹下去，放进小白石子，表示水流，虽无流水，却令人有流水之感。

6. “景盆法”的作法

即“内求造盆，外求造景”，造盆，可种树木；造景，可经营丘壑。具体作法以金属网依水岸线之形垫底，以景石按构图做高低曲折垒叠，用水泥灌浆，做成景盆。后栽种植物。该法可将一盆树石盆景做多种组合，用此法做成的树石盆景组组可分，养护运输较为方便。但要熟练运用此法，需在构图、组合方面勤加练习。

三、附石盆景制作技法

附石盆景以树为主，以石为宾，树附石而生，石有势，树有姿，树石交融，浑然一体。往往是山巅奇树、危崖孤松等特写画石的艺术再现，主要着意于树因石苍、石因树雄、树石结合的整体美。

1. 选石

除了选取具有天然空洞或自然石缝的硬质石料外，也选用孔洞多、吸水性能好的软质石料，如浮石、沙积石、芦管石、海母石等。最好选用一种表硬内松的软质石料，而且表层纹理要千变万化。

2. 选树

以姿态苍老、叶小枝短的植物为主。其习性适合石上生长，以须根多、耐干旱、耐修剪、易整形的为宜。常用的有松柏类、榆、六月雪、水蜡、榕树等。

3. 石料加工

一般要求孤石成形，丰满稳重，表面线条简洁。树体与石料的比例协调，气韵贯通。

4. 种植

分为孔种法与贴种法两种。

（1）孔种法。根据种植位置在石料上打孔，把树材种在孔内的泥土上任其生长，直至树石合一（图6—16）。

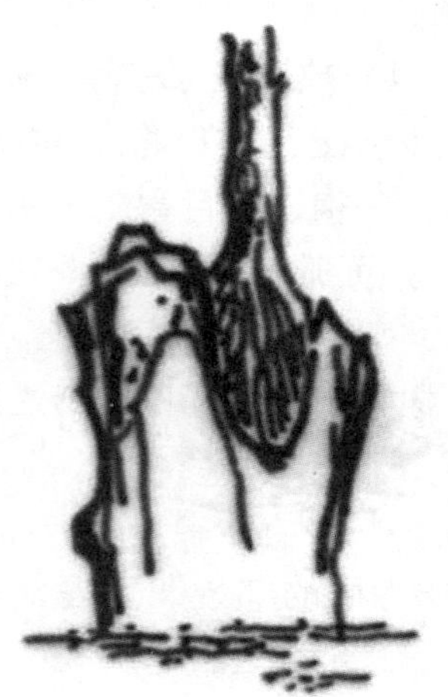

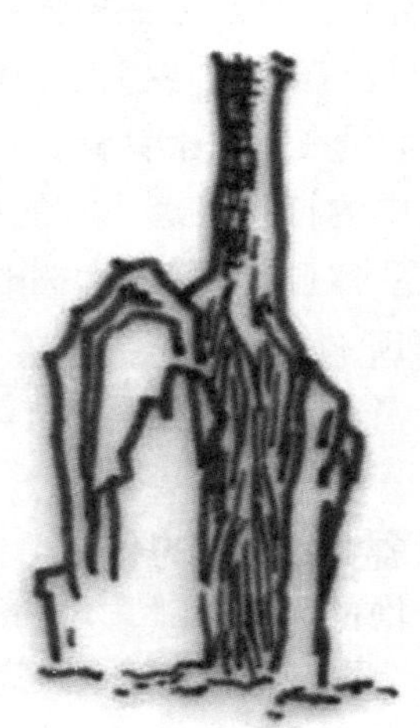

图6—16 孔种法

（2）贴种法。石料不经打孔，直接把树根贴附在石料表面的位置上，覆土并用棕片把根部紧紧与石料固定，利用植物根系向地心生长的特性，使它自然深入石内（图6—17）。

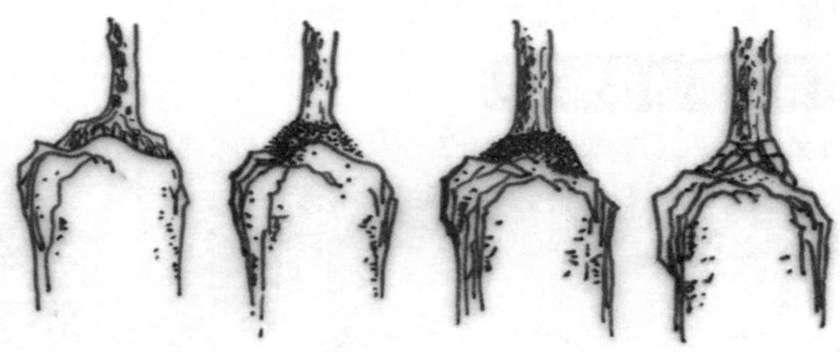

图6—17 贴种法

附石盆景上的树种因种植成活困难，所以必须选择最适种植时间。江浙一带，常绿松柏类植物在石上种植时间以10月下旬至11月上旬为宜，落叶植物以3月上、中旬为宜。在种植前需做强度修剪，以确保成活。栽种以后，最好连石带树的根部一起埋入泥土内地栽，采用贴种法时，尤其如此。种养一年后，再从地下起出移入盆内土养或水养。在无土情况下可用深盆或套盆方法，把石料及树木根部一并埋入盆内泥土中，种活一年后再移入水盆或浅盆观赏。如因石料过高，种植部位无法全埋入土内时，可用长盆卧种；或将露出部分用苔藓或棕麻片缠绕，每次浇水时，同时把缠裹物浇湿，约半年树木生根以后再去掉缠裹物。在树木种植成活以前，要经常进行叶面喷水，并进行多次根外追肥，则效果更好。

实训八　六月雪树石盆景的制作

一、材料准备

（1）选择7～8株生长势强，粗细高低不一的2～3年生六月雪盆栽植株。

（2）40 cm浅陶盆或大理石盆一只。

（3）小龟纹石或小英石若干。

（4）培养土、苔藓、摆件等。

二、操作步骤

（1）审材后根据材料初步构思布局。

（2）垫排水孔及加土。选用长方形或椭圆形浅盆，由于盆浅，排水孔用塑料纱垫好。略加培养土，加土量以盆深浅而定，一般是盆深的1/4。

（3）初步布局、加工。适当剪去较长的根系，植株排列忌成行成列，这种布局单调无变化。

（4）蟠扎。用金属丝或棕丝按布局逐一蟠扎植株。

（5）组合排列。要有疏密、高低的自然变化。可选高大的植株为主树，另选两树为副主树、客树，构成不等边三角形，其余小树用于加深景深。

（6）加土种植。用细竹捣实根部空隙，并依势点石作地形。

（7）修剪。反复推敲后慎重修剪。

（8）点苔、浇水、安置摆件。

第四节 树石盆景佳作赏析

一、饮马图

材料：榔榆、龟纹石

作者：赵庆泉

丛林外，溪水旁，一马无拘无束，悠然饮水。作品采用摄影艺术的“特写”手法，把江南山野的勃勃生机再现于一盎浅盆之中。在造型布局处理上，采用池畔式形式，左侧以较小的水面来表现溪水，右侧为大面积旱地，以大小规格不同的细叶榆树作为江南风格的素材，苍劲自然。其中的配件陶码，比例恰当，点出了本作品的主题。坡岸的处理手法，由多块纹理、色泽统一的龟纹石有机组合而呈平缓状，恬静如画。整个画面高低错落、虚实相生，不失为水旱盆景的佳作。

二、古木清池

材料：榔榆、龟纹石

作者：赵庆泉

作品是一幅典型的水旱式盆景，以数株大小不一的榔榆、龟纹石和浅口水盆为主要材料。在构思布局上，着重强调了主景树的表现和塑造。其根裸露，自然有力，仿佛历尽沧桑，饱经风吹雨打，支撑着粗壮古老的躯干。主景树欹侧天空，顶端微微昂起，一主侧枝洒脱地甩向池面，与水相映。根盘虽然坐落盆面的右侧，但树冠却随主干的倾斜而充斥左侧大部分空间，有着强烈的动态趋势。配树则紧围绕着主树有近有远，有粗有细，与之呼应。山石既分开了水面与旱地，又与树木起到对比作用。整个作品多样统一，表现出古木清池的优美画境。

三、相聚有缘共写意

材料：榔榆、宣石

作者：胡建新

作品以5株大小、粗细不一的雀梅为主要素材，配以形态自然、纹理细腻、平时极少用的安徽宣石，在长椭圆形水石盆中，构成一片幽静的丛林。树木采用典型的一角式布局，从左往右逐渐过渡，利用透视的原理、奔驱的强烈动势感，构成一个不等边的三角形。河岸的处理，弯曲自如、平缓舒畅，点石布置完善整个画面。5株树木犹如5位来自五湖四海的友人有缘相聚在一起，共同绘出美丽的图画。

四、世外桃源

材料：雀梅、英石

作者：中国香港文农盆景

作品造型奇特，韵味别具，初看之下仿佛丛林生长于无土壤的山岩之上，其实这只是一树多干式的雀梅盆景而已。丛林呈左、中、右三组错落布置，干直如古木森林，树冠疏密有致、剪裁得当，有“密不透风，疏可跑马”之态。作者匠心独运，用巧妙的山石拼接技术，将丛林树干从山石孔隙中穿云而出，并形成磐石如砥的山岩平顶，右侧壁如斧削，而左侧逐层挑出，可谓鬼斧神工，险峻无比。中国传统山水画立轴的欣赏，常从右下角起读，此作品在山岩右下角凿以云梯，拾级而上，穿越洞壑，可达山顶平台，丛林之中布置三人，或坐或立，登高赏景，或咏或思。左侧挑出的悬空之石上置一重檐空亭，真可谓“无限风光在险峰”，似人间仙境、世外桃源。而其几、盆、景三位一体的配置，无论在造型，抑或是色泽上，也精当无比。

五、枫桥夜泊

材料：米叶冬青、澄泥石

作者：严雪春、汤坚

作者以唐代张继的《枫桥夜泊》诗为题材，用旧城砖做桥，并有意识地做得斑驳、缺损，以示古朴；以片状的澄泥石表现水之广阔，且在前景置一桅杆小船。植物是表现的另一主题，桥之左侧为主景，两棵榆树婀娜窈窕；右侧是陪衬，米叶冬青丛植成林，以示手法变化。该景采用圆盆，观赏则要求四面均可，增加了作品制作的难度。综观整

体效果，树石处理到位、比例得当，画面恬幽、静谧，张继夜泊之情景脱颖而出。该作品获第五届全国盆景评比金奖。

六、秋

材料：鸡爪槭、红丝石

作者：汪彝鼎

秋之诗语、诗意飘逸，秋之深处，所有的诉语都已经留白于山水。一幅以“秋”来命名的作品，把我们带进秋的世界里。作者采用不常见的壁挂式的盆景形式，以一块圆形大理石板作为画面底板。在圆板左下面，切去大自然的一个特写缩影——一座令人遐想的山峰一角，并配以一棵临空悬挂的秋枫。红石、枫树本身就是描写秋的最好特征物。另外，在圆板的右上方配以小山峰，空白处赋予景名、落款。整个画面构思巧妙，正好诠释了盆景是立体的画、无声的诗、凝固的音乐。

思考与练习

1. 树石盆景有什么特点?
2. 树石盆景的常见形式有哪些?
3. 树石盆景的植物有哪几种种植方法? 它们各有什么特点?
4. 树石盆景的常用石种有哪些?

第七章　微型盆景的制作与赏析

学习目标

◆了解微型盆景的艺术特点
◆掌握微型盆景制作的基本技法
◆掌握微型盆景养护的要点

微型盆景又称为“掌上盆景”“指上盆景”，是指树（石）高15 cm（从盆面到顶部）以下的树木或山水盆景。

微型盆景始于我国唐代，元代是历史上这类盆景发展的高峰期，如元代平江（即今之苏州）高僧韫上人，擅长做“些子景”（即小盆景），取法自然，饶有画意。回族诗人丁鹤年有《为平江韫上人赋些子景》诗曰：“尺树盆池曲槛前，老禅清兴拟林泉。气吞渤澥波盈掬，势压崆峒石一拳。仿佛烟霞生隙地，分明日月在壶天。旁人莫讶胸襟隘，毫发从来立大千。”这种“些子景”说不上有多小，但小中见大的特色是肯定的。

二十世纪的三四十年代，当时在上海报社工作的周瘦鹃先生，曾以古朴典雅、小巧玲珑的小盆景，四次参加西方国家在上海举办的“中西莳花会”，夺得总锦标赛冠军。当然，当时这种小盆景是否就是今天的微型盆景的样式有待考证，然而新中国成立后，周瘦鹃先生曾一度研究、栽培过微型盆景，并把它们陈列在博古架内，摆放在“爱莲堂”的几案上，还有他手掌中托有几盆微型盆景的照片，都曾经出现在荧屏和有关杂志上，这可能是关于微型盆景最早的画面，并对微型盆景产生和形成起到一定的促进和推动作用。

20世纪80年代，沈荫椿著有《微型盆栽艺术》一书，该书多次印刷，影响甚广，为微型盆景的推广普及做出了贡献。可以说，微型盆景真正的历史还不到50年。

近几十年来，微型盆景的发展已趋向较为成熟，而且单独列入全国盆景展览的评比项目，技艺和水平明显提高。尤以上海、苏州、济南等地较为突出，反映了各地的特色和个性。

第一节　微型盆景的制作技法

一、树木类微型盆景的制作

树木类微型盆景是微型盆景家族中最重要的组成部分。它是在小型盆景的基础上继承和发展起来的，其制作用材小、占地少，表现意境却同样苍古、阔大，不亚于中小型盆景的审美情趣，且造型活泼多变（图7—1）。其布置的随意性强，可置于窗间案头小空间，也可群体组合在博古架上。

图7—1　微型树木类盆景与山水类盆景组合

树木类微型盆景用材小巧，制作力求小中见大，主要表现在枝条、枝干上，使原本的小树、嫩枝呈现虬曲苍劲、气质沉着的古老大树之貌，使外表形式与内在气质完美结合，不能因为小而靠数量、繁复来取胜。构图要简洁扼要，虽小，但不失艺术的完整性，越小越有概括性，这就要求超脱俗套，会捕捉形态，达到神形交汇。

树木类微型盆景受材料“微与小”的限制，无法在树龄上取胜于老树桩，明显出现“雅与嫩”的弊病，制作上就要力克以上弱点，采用多种手法处理，达到“以小胜大”的艺术效果，充分反映出大树老气横溢的气派。虽区区小景，却如古朴苍劲的大树盖天覆地，才符合微型盆景所追求的审美要求。若不注意以上所述，虽也能弯曲作势，但缺少力度，没有回味，淡化了树木类微型盆景“以微胜大、用嫩求老、以新创古”的艺术追求，所以制作不能一弯了事，当以气势为重。所谓气到便是力到，力到才能成形，形成即可入画。枝条内含一种无形的力量，小树自会苍古入画。

1. 树木类微型盆景的品种选择

选小而妙、宜小不宜大的植株，以矮小粗壮为宜，高度5～15 cm、粗1～3 cm的植株为佳。为求形态遒劲古朴，叶小常绿，耐阴，耐修剪，易蟠扎，生命力强健，易栽培，如松柏类的日本五针松、大阪松、黑松、罗汉松、金钱松、真柏、黄金柏、刺柏、珍珠地柏等，杂木观叶类的雀梅、红枫、榆、银杏、小叶冬青、虎刺、对节白蜡等，观花观果

类石榴、枸杞、六月雪、福建茶、火棘、小叶迎春、金雀等，藤蔓类的金银花、薜荔、扶芳藤、爬山虎、常春藤等。沈荫椿著《微型盆栽艺术》一书中介绍了近七十种树木微型盆景材料。

2. 繁殖

树木微型盆景材料靠嫁接、老枝扦插、压条、套植、分根、实生苗培育、野小桩挖掘等方法繁殖。

3. 粗养树胚、以形定式

树木微型盆景素材一般要经过泥盆中培养，勤施薄肥水，并根据素材分别确定造型形式，如枝干挺直的可做直干或丛林式，枝干弯曲可做曲干式，根长且强劲有力的可做附石式提根露爪式，枝干倾斜可以做斜干式或悬崖式，枝干已有枯干的可做枯干式，等等。树木微型盆景造型一般以修剪、蟠扎、摘心等技法并用。

4. 换配精盆

素材经过泥盆养护成型后即换配精盆观赏。盆以精巧古朴为好，上选江苏宜兴紫砂微型盆或江西景德镇精瓷盆。长形盆长度在12～25 cm，深度3～5 cm；圆盆口径8～12 cm，深度6～8 cm最适宜；配盆应根据成型盆景的造型去选择。

5. 精心养护

微型树木盆景由于盆小、土少、根浅等特点，稍不注意极易失水导致植株死亡，所以微型树木盆景的养护管理是一项持之以恒的工作。

（1）置盆有所。微型树木盆景以放置东南向为最好，但必须有遮阴设施，遮阴材料以芦帘、竹帘为好，早晚开启，便于植株接受露水滋养。一般于四月起就应该注意遮阴防晒，夏季如果容易受斜阳照射，还需悬挂垂帘遮阴。另外放置场所还要经常喷水，以增湿降温。冬日来临，更须将其移入室内防寒。

（2）肥水管理。不但要掌握各种植物的生长习性，还要根据季节变化，调整浇水施肥的次数，平时可将其半埋于砂床中；或采用坐水法，即用一浅盘盛水，将盆景放置于水中，浸数分钟以浸透为度。微型树木盆景的施肥一般不宜太浓，宜选用充分腐熟的有机肥，如菜籽饼、豆饼等，结合日常浇水施用（有条件可设一水池蓄水约2 m^3，加入腐熟原液0.5 kg，日常浇水就用该液）。花果类树木品种，开花前后的追施可略浓。

（3）翻盆再植。微型树木盆景在盆小、土少的特定条件下，在小小的盆中生长数年、数十年而生机勃勃，老而不衰，在很大程度上取决于定时翻盆。

植株经多年生长，须根多而密，衰老和残死的根系占去了本来很小的空间，影响了新根的舒展，土壤亦容易板结，使植株的营养受到影响。特别是微型树木盆景，若不按时翻盆，将会慢慢衰亡，所以必须按时进行翻盆再植。翻盆最好1～2年一次，一般在初春或深秋进行为妥。翻盆时要剪除过长根，新翻盆的植株要经过一个月的精心养护才能正常生长。翻盆时还可以调整树木的栽植角度、方位，也可重新选用其他的盆，使之达到最佳效果。

微型树木盆景是“有生命的艺术品”，“养功”十分重要。在日常的养护中，还要不断定型修剪、蟠扎、摘芽、摘叶及适时进行病虫防治，逐步整形定势，经多年培养，就会形成虬干、虬枝、盘根虬曲或花果盈枝、微中见大、耐人寻味的盆中上品。

二、山水类微型盆景的制作

微型山水盆景是微型盆景的另一类型，目前，其虽非微型盆景的主流，但也是不可或缺的组成部分。所谓“仁者乐山，智者乐水”。山水盆景的兴起，大概始于这传统的审美习惯。将自然山水进行高度概括、提炼浓缩，于咫尺盆盈之中，达到“一峰则太华千寻，一勺则江湖万里”的艺术效果。“小中见大”“以小见大”是山水盆景所表达的艺术效果，同样也是微型山水盆景所追求的艺术境界（图7—2）。

图7—2　微型山水类盆景组合

微型山水盆景体量小，最大为5 cm×15 cm（微型长卷例外），因此它反映的对象更为概括、浓缩，表现的形式更为简洁。其构图一般常用高远法和深远法组织，表现形式有孤峰式、悬崖式、象形式、峡谷式、开合式、偏重式、群峰式、卧岗式、平台式、横云式等诸形式，还有以摆件为主的摆件式，以雪景为主的雪景式等。所以，对微型山水盆景的作者来说要求也更高，作者必须胸有丘壑，熟悉微型山水盆景的特点，熟练掌握各种技法，才能做好微型山水盆景。以下为微型山水盆景的制作步骤：

1. 选盆

微型山水盆景的盆大多为大理石、汉白玉或青田石，款式有长方形、正圆形、椭圆

形、正方形、扇形、六角形、异形等，江苏靖江还生产成套的微型山水盆，另外作者也可自己制作。

2. 选石

微型山水盆景选所用的石料品种大多为大、中型山水盆景常选用的材料，软石硬石均可。取体形小且个体完美的为好，大、中型山水盆景制作过程中多余的边角料也可。

3. 工具

微型山水盆景制作的工具，除了大、中型山水盆景制作所常用的工具外，还需特制的专用工具：各种刻刀、锉刀、镊子、钢锯、毛笔、钳子、铁丝刷、砂纸、砂轮片、小锤、剪刀、玉石雕刻机等。

4. 布局

微型山水盆景的布局虽然受其自身特点的制约，但创作余地也很大，可以借鉴大、中型山水盆景的布局，比例与夸张尤为重要。

5. 胶接

微型山水盆景一般用502胶水、硅胶、树脂、水泥、水溶性颜料、油画颜料、石英砂等（其中502胶水使用极为便利，可瞬时固定）。微型山水盆景的摆件一般为作者自己制作，应注意体量微小、精致，比例妥帖。植物点缀以苔草类为主，也有剪取植物枝条作装饰的（即时效果或作雪景）。

6. 几架

微型山水盆景的几架一般以角几、卷几为主，以组合造景而言，应注重形式、石料品种、色彩、盆的款式都不能雷同。

三、微型盆景的组合造景

微型盆景除了能把玩于掌中、指尖外，最大的特色就是组合造景。微型盆景的组合是一项综合艺术，既强调微型盆景单体的景、盆、架的三位一体，更注重单体的造型与博古架形体的和谐和统一，以及摆件配置后整体的布局效果（图7—3）。还有一点也不容忽视，就是要有一个反映景架内涵的景题，一个好的景题是组景艺术效果的体现，是作品的点睛之笔。

微型盆景组合造景的单体，除了微型树木、山水盆景外，还有树石类以及各类草本的微型盆栽，如小菊、半支莲、金钱菖蒲、花叶芦苇、落地生根、碗莲、灵芝、观赏蕨类等；工艺小件，如各种竹木小雕刻、陶瓷泥塑、玉器、青铜器、刺绣、小石玩等；果实，如观赏南瓜、葫芦、石榴、朱柿等。

图7—3 微型树石、草本类盆景等组合

在同一微型盆景博古架组合造景时，应注意以下五方面：一是盆景的品种和造型应尽量避免雷同；二是盆器的色泽、款式也很讲究，既要与盆景造型吻合，又要在盆的色彩上考虑，同一组景中，特别是盆的款式，必须无一相同；三是根据微型盆景的造型和盆的款式，还要配置与之合适的各种微型几架，不仅式样要有所不一，而且材质、色彩上有所区别；四是适当点缀、配放各具韵味或情趣的微型摆件，数量大小要适度，切忌喧宾夺主，冲淡主题，增加趣味性、观赏性和艺术性；五是博古架中微型盆景的数量、大小均要得体，放置要留有空白，有疏有密，且需兼顾博古架各格间的呼应关系。

目前，微型组合盆景也有多元化之趋势，博古架的样式和组合不断推陈出新，有的为单一的树木，或者山水盆景，或者树木、山水、树石盆景兼而有之；也有单一树种的树石盆景组合；摆件丰富多彩，制作精致，细腻入微，耐人品赏，完全可以与大、中型盆景媲美。微型盆景由于精小入微，所表现的自然景观较一般盆景更加浓缩细腻，同时又不失盆景的本质特征，特别是生命特征，所以组景艺术更要力求精致、细巧，线条简洁流畅，全局呼应。因此，微型盆景只有处于一定的空间范围、群体组合（博古架）之中相互映衬、互为烘托，才更富有魅力。

第二节 微型盆景佳作赏析

一、烟云秀色

作者：王元康

博古架的类型众多，这是一只多层而又具有凹凸起伏变化的集锦橱子，陈设着造型各异的植物类微型盆景，极富趣味。每一格子之中，都以组景布置，每个微型盆景都是

景、盆、架一应俱全，而且款式各异，无一雷同；各类摆件，如人物、笔筒、茶壶、吊脚楼等都是古代文人生活、把玩的日常之器，尤其是在博古架的右上角陈设一组拂尘、瓶插和双面绣，体现了在室内陈设古玩珍宝的“博古”特色，更是平添了几分情趣和变化。整件作品陈列摆布的11件微型盆景和一组拂尘等附件，有高有低，错落有致，丰富多彩，相得益彰，件件都是雕刻精致、工艺水平极高的艺术品，给人一种琳琅满目、美不胜收的视觉冲击。

二、窈窕

作者：李为民

“行之苟有恒，久久自芬芳”（汉·崔瑗《座右铭》），这是以各类植物组成的博古架，来比喻美好的德行或名声。此作品是一组苏州一带比较传统的博古架，其犹如一幅清韵生动、幽雅秀丽的国画。整幅画面由十余盆形态各异的微型植物盆景和山水、树石盆景组成，个性突现，无论是曲干、临水，还是悬崖、斜卧诸式，各具姿态。景物虽小，却透露出古朴苍劲的大树之势，枝干飘逸潇洒，舒展自如。每一盆小盆景的放置，根据盆景的大小、形式等有机组合而成，而在右下点缀的树石和山水盆景又给整个博古架带来了几分变化和情趣，显得协调而得体。整个作品在艺术手法上做到动静相宜、以小见大、刚柔相济，让人深深感受到组景的艺术魅力所在。

三、玉兰孕春

作者：王元康

作品整体造型为一朵夸张盛开的白玉兰，张扬的外轮廓线，突破了博古架固有的造型，是作品一大亮点，令人耳目一新。

由于博古架外轮廓线的变化，使作品的每一个隔间产生了各种不规则的空间造型，作者合理利用这一巧妙变化安排形式各异的微型盆景，使整体的形式感更强。就作品单体空间造型而言，几乎每一个小空间都有不同的特点，且采用了多层次的布局手法，微型盆景单体虽不盈寸，但形式、配盆、几件、小件各具特点，精美绝伦。